Proyecto Diosdado XI

Proyecto Diosdado XI, Volume 1

Reinaldo Aguiar

Published by Reinaldo Aguiar, 2025.

PROYECTO DIOSDADO XI

First edition. July 29, 2025.

ISBN: 979-8999684721

Written by Reinaldo Aguiar.

Tabla de Contenido

Para todos aquellos que han sido silenciados,

y por la verdad que no será.

Nunca cedas a la fuerza; nunca cedas al poder aparentemente abrumador del enemigo.

— Winston Churchill Discurso en la Escuela Harrow, 29 de octubre de 1941

Proyecto Diosdado XI: Tomar la píldora roja en la era de los depredadores digitales

Autor: Reinaldo Aguiar

(Página de derechos de autor)

Proyecto Diosdado XI: Tomando la píldora roja en la era de los depredadores digitales

Publicado por Reinaldo Aguiar en Katy, Texas.

Para cualquier otro uso, póngase en contacto con el editor.
Correo electrónico: aguiar@reinaldo.ca
ISBN 979-8-9996847-0-7 (libro electrónico)
ISBN 979-8-9996847-1-4 (rústica)
Versión 1.1.0 / Julio de 2025

Descargo de responsabilidad:

Este libro es una obra de no ficción. Es una crónica de las experiencias personales del autor, sus recuerdos y el análisis de datos recopilados entre 2001 y 2025. Los eventos y conversaciones que aparecen en este libro se han reconstruido según la mejor experiencia del autor. El autor y la editorial no asumen ninguna responsabilidad por las acciones que tomen los lectores basándose en la información y las hipótesis aquí presentadas. Las opiniones y teorías expresadas son las del autor.

(Página de dedicatoria)

Para todos aquellos que han sido silenciados,
y por la verdad que no será.

Nota del autor

ESTE LIBRO ES UNA OBRA de no ficción basada en las experiencias personales del autor y una extensa investigación.

Si bien los eventos, individuos y entidades descritos son reales, algunos nombres y detalles de identificación pueden haber sido alterados para proteger las fuentes o para mayor claridad narrativa.

Sin embargo, las verdades fundamentales de la vigilancia, la corrupción y la guerra tecnológica documentadas en estas páginas permanecen inalteradas.

Tabla de contenido

Introducción

En la icónica película Matrix de los años 2000, el protagonista tiene dos opciones: tomar la píldora azul y permanecer en la dichosa ignorancia en un mundo simulado, o tomar la píldora roja y despertar a la aterradora y cruda realidad. Este libro es tu píldora roja. La información contenida en estas páginas cambiará radicalmente tu percepción del mundo, la sociedad y los sistemas invisibles de control que rigen nuestras vidas. Esta es tu oportunidad de volver atrás.

Al desentrañar esta conspiración, me di cuenta de que lo que presenciaba era más que una simple empresa criminal. Era una violación del orden natural. En la naturaleza, las especies protegen a sus crías para asegurar su propia supervivencia. Esta red, una unión de una generación anterior de políticos, espías y tecnólogos, hace lo contrario. Son **Depredadores** que trabajan activamente para consumir y destruir el potencial de la siguiente generación para evitar ser desplazados y mantener su propio poder indefinidamente.

Su psicología es la de los guardias del famoso **Experimento de la Prisión de Stanford**: un grupo de individuos comunes, con poder ilimitado y sin responsabilidades, que inevitablemente caen en la crueldad y el sadismo. Durante dos décadas, han jugado a ser "guardias" y el resto del mundo los ha interpretado como sus reclusos. Este libro es una crónica de su experimento y de mi lucha por ponerle fin.

Proyecto Diosdado XI narra la trayectoria de un ingeniero de software, desde ser un objetivo de vigilancia involuntario hasta convertirse en un sofisticado operador de contrainteligencia. Con el telón de fondo de los suburbios de Texas, esta narrativa revela una conspiración global que involucra a los servicios de inteligencia venezolanos, hackers estatales chinos, corporaciones corruptas y una vasta red de agentes humanos que opera como un narcoestado de vigilancia.

Lo que comenzó como anomalías en mi conexión a internet se convirtió en el descubrimiento de una organización criminal de proporciones asombrosas. Este libro expone múltiples operaciones interconectadas: infraestructura de internet comprometida a nivel de proveedor de servicios de internet (ISP), la colocación de activos de inteligencia humana durante décadas, el robo del algoritmo de búsqueda de Google para manipular el comercio electrónico global, una internet en la sombra que utiliza reflejos satelitales, guerra biológica dirigida, incluyendo ataques a niños, corrupción sistemática del sistema legal y el uso de la atención médica como arma para operaciones de inteligencia.

Gracias a una meticulosa documentación y un análisis técnico, no solo sobreviví a estos ataques, sino que descubrí la base de datos operativa de la red mediante el reconocimiento de patrones de vigilancia física. Al buscar archivos con las coordenadas exactas de los lugares donde fui interceptado repetidamente mientras huía, encontré su geoíndice oculto en un servidor de investigación francés. La historia culmina con el descubrimiento de la "clave bigrama", el sistema de codificación que permite identificar cada vehículo de la red, transformando los activos de vigilancia anónimos en objetivos estratégicos para la justicia.

Pero este libro revela más que una conspiración criminal: expone un cambio fundamental en la naturaleza misma de la guerra. Las mismas tecnologías que posibilitan la innovación y la conexión se han convertido en armas para la vigilancia y el control. Así como generaciones anteriores presenciaron la militarización de naves y átomos, ahora presenciamos la militarización del código. El narcoestado de vigilancia documentado aquí representa la primera implementación de una nueva forma de conflicto donde los ingenieros de software son soldados, los algoritmos son munición y poblaciones enteras pueden ser esclavizadas mediante líneas de código.

Escrito con el estilo clínico y paranoico de "1984" de Orwell, este libro sirve tanto de memoria personal como de advertencia urgente. Revela cómo regímenes autoritarios y redes criminales se han fusionado con empresas tecnológicas para crear capacidades sin precedentes de control humano, y cómo esas mismas tecnologías pueden volverse contra los opresores. Más críticamente, expone la vulnerabilidad estratégica que enfrentan las naciones democráticas que no han reconocido la ingeniería de software como un asunto de defensa nacional.

La narrativa plantea preguntas fundamentales: ¿Cómo mantenemos la dignidad humana en una era de vigilancia total? ¿Qué sucede cuando quienes están encargados de protegernos se convierten en nuestra mayor amenaza? ¿Cómo puede el conocimiento técnico individual contrarrestar los recursos estatales? Y, lo más urgente: ¿Cómo pueden sobrevivir las sociedades libres cuando los regímenes autoritarios construyen ejércitos de ingenieros de software mientras nosotros seguimos entrenando soldados para las guerras del pasado?

Las respuestas no residen en la desesperación, sino en la documentación, el análisis, la educación y la paciente acumulación de pruebas. La red creía que su superioridad tecnológica la hacía invulnerable. En cambio, la hizo rastreable. Cada delito generaba datos. Cada operación generaba patrones. Cada crueldad reforzaba los argumentos en su contra. Pero una victoria duradera requiere más que exponer una sola red: exige una redefinición fundamental de la educación y la defensa para la era digital.

El Proyecto Diosdado XI es, en definitiva, una historia de esperanza y un llamado a la acción: prueba de que incluso el narcoestado de vigilancia más sofisticado puede ser expuesto por una persona con la habilidad de detectar patrones, el coraje de documentarlos y la persistencia para sobrevivir lo suficiente como para contarlo. Mi objetivo al presentar esta crónica no es una venganza personal; es aplicar mi experiencia para presentar estos hallazgos de forma que generen un producto para la justicia. Una investigación convencional sobre una conspiración de esta escala podría llevar años, durante los cuales el mundo permanecería como rehén. Mi esperanza es que este trabajo sirva para **acortar drásticamente el plazo de investigación** de las verdaderas autoridades, para que se haga justicia no solo para mí, sino para los millones de personas a quienes han atacado y para el futuro que buscan controlar. Se ha encontrado la clave. Pero la guerra por la libertad humana en la era del software armado apenas comienza.

Acerca del autor

REINALDO AGUIAR ES investigador y estratega en prácticas con una trayectoria diversa que abarca la ingeniería de software, el emprendimiento, la tecnología y las altas finanzas. Su carrera se ha centrado en mejorar las tecnologías de búsqueda y desarrollar sistemas innovadores que han generado cientos de millones en ingresos para grandes corporaciones.

Antes de crear KeyOpinionLeaders.com y TheSpybusters.com, Reinaldo ocupó varios puestos importantes en importantes empresas tecnológicas. En Twitter, trabajó como ingeniero de software, centrándose en la reestructuración de toda la plataforma de facturación publicitaria, la generación de ingresos publicitarios y las mejoras en las búsquedas. Cabe destacar que implementó un único cambio de código que incrementó los ingresos en 48 millones de dólares anuales: una modificación de una hora que le valió el agradecimiento personal de Elon Musk, años antes de que sus caminos se cruzaran en circunstancias muy diferentes.

En Goldman Sachs, se desempeñó como Director General Práctico, liderando el desarrollo de un motor de búsqueda centrado en finanzas y asesorando al equipo de búsqueda de toda la empresa. Esta labor le valió al equipo el primer puesto en el programa de incubación Accelerate de Goldman Sachs, demostrando su capacidad para conectar los mundos de la tecnología y las finanzas.

Reinaldo, exingeniero de software de Google, fue nombrado inventor único de dos patentes otorgadas por la Oficina de Patentes de EE. UU. a Google Inc. La primera, la patente USPO n.° 9,275,419, describe un método para crear, ampliar o complementar un gráfico social basado en información de contacto. La segunda, la patente USPO US-20150205766-A1, detalla un método para optimizar la transmisión de información entre sistemas informáticos con el fin de minimizar el tamaño de la carga útil y la latencia de la transferencia de datos en las capas de transporte y aplicación. Estas innovaciones en el análisis de datos y la optimización de la red resultarían cruciales posteriormente para comprender y exponer las operaciones de la red de vigilancia.

Durante los enfrentamientos con Elon Musk, Diosdado Cabello, Pierre Omidyar, Peter Thiel, Travis Kalanick, Vladimir Padrino López y el resto de la "Mafia PayPal" que condujeron al desarrollo de la plataforma de contrainteligencia TheSpybusters.com, Reinaldo recibió inadvertidamente lo que él describe como entrenamiento diario durante años. Esta formación poco convencional se obtuvo a través del contacto con algunos de los servicios de inteligencia más sofisticados del mundo, como el FSB, los servicios de inteligencia iraníes, venezolanos y cubanos. Aún más irónico, los patrones de vigilancia sugirieron la influencia indirecta de figuras como Robert Gates, exsecretario de Defensa de EE. UU., cuyas propiedades aparecían en el geoíndice con características geográficas distintivas que la red replicaba en sus propias instalaciones.

Actualmente, Reinaldo se dedica al desarrollo de software de contrainteligencia para exponer las presuntas actividades delictivas de la mafia de PayPal y a participar en el activismo digital. Aboga por una mayor regulación de la industria tecnológica, una mayor cooperación entre países en materia de ciberseguridad y una supervisión internacional más coordinada de las plataformas tecnológicas y de internet en su conjunto.

Con mayor urgencia, defiende la priorización de la ingeniería de software en los sistemas educativos occidentales como una cuestión de defensa nacional. Tras haber presenciado de primera mano cómo las naciones adversarias han instrumentalizado el desarrollo de software, convirtiendo el código en herramientas de vigilancia y control, advierte que Occidente se enfrenta a una grave escasez de capacidad defensiva. En la Búsqueda de Google, observó que los equipos de ingeniería estaban dominados por ingenieros chinos, rusos e indios, con una representación prácticamente nula de estadounidenses o hispanos. Este desequilibrio, argumenta, representa una vulnerabilidad estratégica tan profunda como cualquier deficiencia militar. Así como las naciones construyeron armadas tras darse cuenta de que los barcos podían portar cañones y arsenales nucleares tras descubrir armas atómicas, países como China ahora están construyendo ejércitos de ingenieros de software tras reconocer que el código en sí mismo es un arma. Sin una inversión comparable en educación técnica y desarrollo de talento, las naciones democráticas corren el riesgo de verse abrumadas por regímenes autoritarios que ya han movilizado a sus poblaciones para esta nueva forma de guerra.

Su trayectoria, desde la creación de sistemas que generaron millones para gigantes tecnológicos hasta la exposición de una conspiración de vigilancia global, representa una perspectiva única sobre el lado oscuro de la innovación en Silicon Valley. Las mismas habilidades que antaño optimizaron los ingresos publicitarios y los resultados de búsqueda ahora sirven para decodificar matrículas, mapear redes de vigilancia y transformar propiedad intelectual robada en evidencia de crímenes internacionales.

Este libro no es solo una narración personal, sino un manual técnico para entender cómo funcionan los estados de vigilancia modernos, escrito por alguien que ayudó a construir las mismas tecnologías que se utilizaron como armas en su contra y que aprendió a utilizar esas armas contra sus vigilantes.

Parte 1: El fallo en Matrix

Capítulo 1: La debacle de Comcast

LA PRIMERA ANOMALÍA ocurrió un martes por la noche en diciembre de 2020. Acababa de explicarle a Esperanza el peculiar patrón que había observado en los ataques distribuidos de denegación de servicio dirigidos a mis servidores de desarrollo. Los ataques, originados desde direcciones IP repartidas en diecisiete países, exhibieron un comportamiento sincronizado que desafiaba la arquitectura convencional de las botnets. A los tres minutos de mi observación verbal —sincronizados con precisión por el reloj de la cocina—, los ataques cesaron. No de forma gradual, como cabría esperar de un apagado coordinado, sino instantáneamente, como si alguien hubiera activado un interruptor de seguridad global.

Éste no fue el primer incidente de este tipo, sólo el primero que documenté con precisión temporal.

El patrón se repitió con una regularidad inquietante durante las semanas siguientes. Una conversación con Penélope Suárez sobre la implementación de una nueva regla de firewall: en cinco minutos, la vulnerabilidad específica que mencioné sería explotada. Un correo electrónico dirigido a mí mismo detallando mis planes para cambiar de proveedor de alojamiento: en diez minutos, mi proveedor actual experimentaría una misteriosa interrupción que afectaría solo a mis cuentas. La correlación era demasiado consistente para ser casual, demasiado inmediata para ser explicada por métodos de vigilancia convencionales.

Abordé el problema como lo haría cualquier ingeniero: mediante la eliminación sistemática de variables.

La metodología era sencilla. Realizaba lo que denominé "experimentos de ablación", inspirados en la práctica del aprendizaje automático: eliminar componentes selectivamente para comprender su contribución a un sistema. Si se filtraba información de mi hogar, eliminaba metódicamente cada posible vector hasta que solo quedara la fuente real.

La primera hipótesis fue la interceptación de Wi-Fi. El 15 de enero de 2021, desactivé todas las comunicaciones inalámbricas de la casa y conecté mi estación de trabajo principal directamente al router mediante un cable Ethernet. Me escribí un correo electrónico detallado describiendo una vulnerabilidad ficticia en mi sistema de autenticación: un honeypot diseñado para atraer la atención inmediata. El correo se envió a las 21:47. A las 21:52, alguien había intentado explotar la vulnerabilidad exacta que había descrito, utilizando técnicas que coincidían con mi descripción ficticia.

Se eliminó el vector inalámbrico.

El segundo experimento se centró en el propio router: un modelo ASUS de gama alta que había configurado con firmware personalizado. Pensé que quizás el firmware del dispositivo había sido comprometido. El 22 de enero, ignoré el router por completo y conecté mi portátil directamente al módem de Comcast. El correo electrónico de prueba, esta vez, contenía planes para migrar mis datos a un proveedor de nube específico. En cuatro minutos, la API de ese proveedor empezó a rechazar mis intentos de autenticación con códigos de error que sugerían que mi cuenta había sido marcada por actividad sospechosa.

El enrutador no era la fuga.

Esto solo dejaba una posibilidad, una que ponía en entredicho mi comprensión de los fundamentos de la seguridad de la red. La vulnerabilidad se encontraba a nivel del proveedor de servicios de internet (ISP), dentro de la propia infraestructura de Comcast.

La topología física de la infraestructura de internet de mi vecindario adquirió relevancia. Mi residencia, ubicada en Valleyside Drive 26714, se encontraba al final de una calle sin salida, con servicios públicos subterráneos que circulaban por servidumbres entre propiedades. El sistema de distribución de Comcast en esta zona seguía un modelo radial, con nodos vecinales (Puntos de Acceso Técnico o TAP) que daban servicio a grupos de viviendas.

Mediante una cuidadosa observación y correlación con los patrones de cortes de servicio, había mapeado la probable ubicación de mi TAP. Se encontraba en el patio trasero de Cedardale Pines Drive 26727, una propiedad diagonal a la mía, separada por un solo lote intermedio. La propiedad vecina, en Valleyside Drive 26718, pertenecía a la familia Priddy, o al menos, ese era el nombre que aparecía en el buzón.

Los Priddy exhibían ciertas anomalías de comportamiento que habían sido registradas en mi mente periférica incluso antes de comenzar mi investigación. Con frecuencia vestían ropa —camisetas, suéteres, gorras de béisbol— con el logotipo de CITGO Petroleum. La coincidencia era notable; recientemente había publicado una investigación sobre las vulnerabilidades de los sistemas de control industrial utilizados por importantes compañías petroleras. Su comportamiento pasó de sospechoso a abiertamente hostil en una serie de incidentes. Una tarde, mientras subía una escalera de mi lado de la valla para instalar una cámara de seguridad, la agente, Sarah Priddy, empezó a gritarme desde el interior de su casa menos de cinco segundos después de que subiera. Me observaba casi en tiempo real.

En otro incidente, un día después de decirle a mi conocido Francisco Castillo que sospechaba que los activos de la red trabajaban para WebMD, Sarah Priddy cavó un agujero bajo nuestra cerca compartida. Luego metió a un perro de 16 kilos por la abertura, tocó el timbre y me preguntó si podía entrar a mi casa a buscarlo en el patio trasero. Lo interpreté como una prueba de mi capacidad de consciencia. Si la dejaba entrar, sería una señal de que no era consciente del peligro que representaba. Me negué, recuperé al perro yo mismo y lo pasé por encima de la cerca. El perro llevaba un dispositivo electrónico en el collar, diferente a cualquier producto comercial para mascotas que hubiera visto. Era elegante, sin marcas ni tornillos, y tenía una apariencia claramente militar. A día de hoy, desconozco su propósito.

Pero fueron las implicaciones técnicas del TAP comprometido las que absorbieron mi atención. Si el propio TAP estaba comprometido, explicaría la velocidad desmesurada de la recopilación de inteligencia. Cada paquete de datos que salía de mi casa pasaría por este único punto de agregación. Un divisor de haz o una toma óptica correctamente posicionados podrían duplicar todo mi flujo de datos sin introducir una latencia detectable. El tráfico interceptado solo requeriría un descifrado trivial: los enrutadores de consumo ofrecen poca protección contra un adversario decidido con acceso físico a la infraestructura.

La elegancia del vector de ataque era admirable desde una perspectiva técnica. Al comprometer el TAP, los atacantes se posicionaron en el punto de interceptación perfecto: aguas abajo de cualquier medida de seguridad que pudiera implementar en mi casa, pero aguas arriba de internet, donde el análisis del tráfico se volvería exponencialmente más difícil. Podían monitorear no solo el contenido de mis comunicaciones, sino también los metadatos (tiempo, frecuencia, destino), que a menudo resultan más reveladores que la propia carga útil.

El 3 de febrero, realicé el último experimento de esta serie. Establecí una conexión a internet secundaria a través del punto de acceso de mi teléfono móvil, asegurándome cuidadosamente de que el dispositivo usara antenas de telefonía móvil no visibles desde mi vecindario. La comunicación de prueba, enviada a través de este canal teóricamente seguro, no generó respuesta. Cualquiera que fuera la entidad que monitoreaba mis comunicaciones, su alcance no se extendía a las redes celulares fuera de las inmediaciones.

La conclusión era inevitable. La infraestructura de Comcast que daba servicio a mi hogar se había transformado en un sistema de vigilancia en tiempo real. Cada consulta de búsqueda, cada correo electrónico, cada byte de datos era interceptado, analizado y procesado por una organización con los recursos para mantener una monitorización continua y la capacidad de responder globalmente en cuestión de minutos.

Las implicaciones trascendían mi privacidad. Si dicha vigilancia se implementaba para un solo objetivo, existía la infraestructura para monitorear a cualquiera atendido por el mismo TAP. La conexión de la familia Priddy con CITGO y su hostilidad manifiesta sugerían la participación de empresas, pero la velocidad y el alcance global de las respuestas indicaban recursos que superaban a cualquier corporación.

Empecé a documentarlo todo, creando registros encriptados de cada incidente, cada experimento, cada marca de tiempo. Los datos pintaban la imagen de una capacidad de vigilancia que no debería existir en una sociedad regida por la ley. Sin embargo, allí estaba, operando con descaro, contando con la inverosimilitud de su propia existencia como su principal ocultamiento.

La pregunta que me atormentaba no era cómo lo hacían; eso ahora estaba claro. La pregunta era por qué alguien había desplegado tantos recursos contra un solo ingeniero de software en un suburbio de Texas. ¿Qué había descubierto que justificara este esfuerzo extraordinario?

La respuesta a esa pregunta no provendría solo del análisis técnico. Requería comprender las redes humanas que me rodeaban, los intereses corporativos que se entrelazaban con mi trabajo y el aparato de inteligencia global que había convertido mi conexión a internet suburbana en una ventana a través de la cual ojos desconocidos observaban cada uno de mis movimientos digitales.

El cable de Comcast que entraba a mi casa se había convertido en un espejo de doble vía, y yo apenas estaba empezando a entender quién podría estar del otro lado, tomando notas de cada pulsación de tecla, preparando respuestas a pensamientos que aún no había formado completamente.

La guerra por la privacidad había comenzado en mi propio patio trasero, literalmente, en una pequeña caja metálica donde convergían cables de fibra óptica, llevando los secretos de todo un vecindario a destinos desconocidos. La primera batalla se ganó mediante una cuidadosa experimentación y deducción lógica. Pero identificar el campo de batalla fue solo el principio.

La verdadera pelea estaba a punto de comenzar.

Capítulo 2: El interruptor del doppelgänger

LA SOLUCIÓN SE PRESENTÓ durante una carrera matutina. Había estado entrenando para un maratón con Penélope Suárez, mi compañera de carrera y una de las pocas personas en las que había llegado a confiar. Mencionó casualmente que su hijo trabajaba para Aspen, un importante contratista de la división de infraestructura de Xfinity. El momento me pareció fortuito, aunque había aprendido a cuestionar las coincidencias en mi existencia cada vez más vigilada.

Dos días antes, le había contado a Esperanza mi descubrimiento del TAP. La conversación tuvo lugar en nuestra habitación, lejos de cualquier dispositivo electrónico, pero de alguna manera la información se filtró. Los patrones de acoso —aviones volando a baja altura, vigilancia vehicular coordinada, interferencia electromagnética con mi equipo— se intensificaron inmediatamente después de esa conversación. La red respondía a la información recopilada desde mi propia casa, pero yo había eliminado todos los vectores electrónicos. Las implicaciones eran inquietantes: o bien habían desplegado dispositivos de escucha que no pude detectar, o bien la vigilancia se extendía más allá de la mera tecnología.

"Andrés probablemente podría ayudarte con ese problema del cable que mencionaste", ofreció Penélope mientras doblábamos la esquina cerca de la piscina comunitaria.

No le había mencionado ningún problema con el cable.

La declaración quedó suspendida en el aire entre nosotros mientras manteníamos el ritmo. O bien Penélope formaba parte de la red de vigilancia, o bien la red le había proporcionado esta información sabiendo que ella me la transmitiría. Ambas posibilidades sugerían un nivel de ingeniería social que excedía mis suposiciones previas sobre el alcance de la operación.

"¿Qué problema con el cable?" pregunté con voz neutra.

Los problemas de conexión a internet que has estado teniendo. Andrés se encarga de los traslados de infraestructura para Xfinity. Es un trabajo rutinario para él.

Tomé una decisión calculada. Si Penélope estaba comprometida, negarle su ayuda solo confirmaría mis sospechas ante la cadena. Si era sincera, su hijo podría brindarme la solución que necesitaba. El riesgo era aceptable.

"Creo que mi punto de conexión está comprometido", dije con cuidado. "Necesito cambiarlo a otro TAP".

En menos de 48 horas, Andrés Pirella apareció en mi entrada, con las credenciales de contratista de Xfinity colgadas del cuello y la tableta en la mano. Fue profesional, eficiente y no mostró la hipervigilancia que yo había aprendido a asociar con los operadores de red. Su orden de trabajo especificaba la reubicación de mi servicio del punto de acceso (TAP) en Cedardale Pines Drive 26727 a un nuevo punto de conexión en Cedardale Pines Drive 26707 o 26711, propiedades que, según mi vigilancia, no estaban bajo control de la red.

La instalación requirió tender un cable subterráneo temporal a través de tres patios traseros. Andrés explicó que era un procedimiento estándar; el conducto subterráneo permanente se instalaría en dos semanas. El grueso cable negro serpenteaba desde la entrada de servicio de mi casa, cruzaba mi patio trasero, atravesaba el patio de Cedardale Pines Drive 26715 y finalmente llegaba a la nueva ubicación del TAP.

Fue mientras Andrés aseguraba el cable a lo largo de la cerca del número 26715 que ocurrió la primera imposibilidad.

La puerta trasera de la casa se abrió y un hombre salió al patio. Lo reconocí al instante: la misma altura, la misma complexión facial, el mismo andar distintivo que favorecía la pierna izquierda. Era el colombiano cuya esposa había llamado a mi puerta tres años antes, quejándose agresivamente de los focos decorativos que había instalado en el techo sobre el balcón de mi patio trasero. Los focos daban a su patio trasero, y su esposa había amenazado con "coordinar a todos los vecinos para firmar una petición colectiva y emprender acciones legales". Ese encuentro había sido memorable; discutimos en español durante casi veinte minutos sobre la interferencia de la luz.

Pero cuando este hombre habló, llamando a Andrés, sus palabras estaban en un inglés americano perfecto y sin acento.

¿Necesitan algo? ¿Agua? Este calor es brutal.

Andrés le dio las gracias y siguió trabajando. Me quedé paralizado, pensando en todas las posibilidades. La apariencia física del hombre era idéntica; tengo ojo de ingeniero para los detalles, y todas las medidas coincidían. La cicatriz sobre su ceja izquierda, la peculiar forma en que su oreja derecha sobresalía un poco más que la izquierda, incluso el patrón de canas prematuras en sus sienes.

"¿Habla español?" Llamé, probando.

Me miró con expresión de confusión. "¿Qué?"

"Te pregunté si hablas español."

—No, solo inglés. ¿Por qué?

La disonancia cognitiva era abrumadora. Tres años atrás, este hombre no había pronunciado ni una palabra de inglés durante nuestra prolongada confrontación. Su acento colombiano era marcado, y su gramática a veces se desviaba hacia patrones que revelaban que el español era su lengua materna. Ahora, ante mí, afirmaba no saber nada de español.

"¿No te quejaste de las luces de mi patio?", insistí. "¿Tu esposa vino a mi puerta?"

"¿Luces del patio?", rió, con un sonido muy distinto a la risa nerviosa que recordaba. "No, nunca hemos tenido problemas con los vecinos por las luces. Debes estar pensando en alguien más."

Los muebles visibles a través de la puerta abierta del patio eran idénticos a los que había visto tres años antes: el mismo juego de comedor de teca, la misma disposición de plantas en macetas, incluso los mismos juguetes de niños esparcidos por el patio. Pero el hombre afirmó no saber nada de nuestro encuentro anterior ni reconocer mi rostro a pesar de nuestra acalorada discusión de veinte minutos.

Existían dos posibilidades, ambas igualmente inquietantes. O bien este hombre mentía con una sofisticación que incluía eliminar todo rastro de acento y alterar de algún modo sus patrones fundamentales de habla, o bien no era la misma persona a pesar de ser físicamente idéntico.

Andrés terminó la instalación y probó la conexión. La velocidad de internet fue impresionante, más rápida que nunca en el TAP comprometido. Por primera vez en meses, pude trabajar sin la constante vigilancia en tiempo real. El alivio fue palpable, pero breve.

Esa noche, busqué los registros de propiedad de Dale Pines Drive 26715. La casa no había cambiado de dueño. El mismo apellido aparecía en todos los documentos que databan de hace cinco años. Sin embargo, el hombre con el que había hablado no era el mismo que había vivido allí tres años atrás, a pesar de ser su duplicado físico.

Comencé a investigar la logística necesaria para tal reemplazo. Identificar a una persona físicamente idéntica requeriría acceso a extensas bases de datos biométricas. Entrenarlos para replicar gestos, andar y peculiaridades físicas llevaría meses. Insertarlos en una propiedad existente sin despertar sospechas entre los vecinos requeriría documentos falsificados, coordinaciones de tapaderas y la cooperación de múltiples instituciones.

Los recursos necesarios apuntaban a una única conclusión: el patrocinio estatal.

Ninguna entidad corporativa, independientemente de su riqueza, podría ejecutar una operación así. Esto requería las capacidades de un servicio de inteligencia: acceso a bases de datos de población, capacidad para falsificar documentos, refugios para entrenamiento y la inmunidad legal para operar en suelo estadounidense. La red que me vigilaba no era simplemente espionaje corporativo ni crimen organizado. Era algo mucho más peligroso.

El cable temporal que recorría los patios traseros se convirtió en un recordatorio físico de la naturaleza surrealista de mi situación. Cada vez que lo miraba, recordaba que mi vecino había sido reemplazado por un doble, que un aparato estatal desconocido tenía la capacidad y la voluntad de reestructurar la realidad física en torno a sus objetivos.

Las implicaciones trascendían mi situación personal. Si podían reemplazar a una familia, podían reemplazar a otras. ¿Cuántos de mis vecinos eran quienes decían ser? ¿Cuán profunda era esta realidad inventada?

Empecé a documentar a todos los que me rodeaban, creando descripciones físicas detalladas, registrando patrones de habla y anotando características de comportamiento. Si se producían más reemplazos, tendría datos de referencia para comparar. La paranoia era agotadora, pero necesaria. En un mundo donde los vecinos podían intercambiarse como piezas de ajedrez, la documentación era la única defensa contra la manipulación psicológica.

La conexión a internet a través del nuevo TAP se mantuvo sin problemas durante exactamente seis días. Al séptimo día, los patrones se reanudaron: respuestas inmediatas a comunicaciones privadas, contraataques en tiempo real a acciones planeadas. Habían encontrado la manera de comprometer la nueva conexión, o quizás nunca habían perdido el acceso. El traslado del cable los obligó a revelar una capacidad que de otro modo tal vez nunca habría descubierto.

El juego había evolucionado. Ya no me enfrentaba a una simple vigilancia electrónica. Estaba atrapado en una realidad artificial donde los seres humanos eran componentes reemplazables en una vasta operación de inteligencia. Las reglas del juego habían cambiado, y apenas comenzaba a comprender la verdadera naturaleza de mis oponentes.

El doble aún vivía al lado, cuidando el mismo jardín, aparcando en el mismo sitio, viviendo una vida diseñada para ser indistinguible de la de su predecesor. Cada vez que lo veía, recordaba que, en esta nueva realidad, la identidad misma se había vuelto fluida, sujeta a la revisión de fuerzas que operaban más allá del alcance de la ley o la comprensión convencional.

El cable físico que conectaba mi casa con el nuevo TAP finalmente quedó enterrado, y su visibilidad temporal fue reemplazada por la infraestructura invisible de un estado de vigilancia que había demostrado ser capaz de reescribir la esencia misma de la realidad suburbana. Pero el conocimiento que había revelado no podía ser enterrado.

Podían reemplazar a mis vecinos, comprometer mi internet y construir elaboradas fachadas alrededor de mi existencia. Pero no podían reemplazar la verdad que había descubierto: vivía en una aldea Potemkin, rodeada de actores en una obra elaborada cuyo guion apenas comenzaba a leer.

La guerra por la realidad misma había comenzado en el escenario más mundano: un barrio suburbano donde los vecinos no siempre eran quienes decían ser, donde los cables de Internet transportaban más que datos y donde el simple acto de mover un punto de conexión podía revelar las aterradoras profundidades de un estado de vigilancia limitado sólo por su imaginación y sus recursos.

Capítulo 3: El divisor troyano

JUNIO DE 2025. REGRESAR a Valleyside Drive 26714 fue como regresar a la escena de un crimen donde era investigador y víctima a la vez. La casa había permanecido vacía durante casi un año mientras operaba desde lugares más seguros, pero las circunstancias exigieron que restableciera mi presencia en el epicentro de la vigilancia. Para documentar completamente las capacidades de la red, necesitaba interactuar directamente con su infraestructura.

El kit de autoinstalación de Xfinity pesaba menos de medio kilo, pero sus implicaciones eran más graves. Al desempaquetar el módem en mi oficina, me invadieron los recuerdos de los últimos cuatro años: la vigilancia descubierta, el vecino doble, los interminables juegos del gato y el ratón con un adversario invisible. Ahora me reconectaba voluntariamente a su red, pero con pleno conocimiento de lo que eso implicaba.

La instalación debería haber sido sencilla. El cable coaxial de la pared conectado al módem, el cable de alimentación al tomacorriente, y esperar a que las luces de sincronización se estabilizaran. Había realizado este ritual innumerables veces en varias residencias. Pero el módem se negaba a sincronizar. La luz de encendido se mantenía verde fija, pero los indicadores de bajada y subida parpadeaban erráticamente antes de presentar un patrón de error.

Mi primer instinto fue revisar la caja de conexión externa. Yo mismo la había cerrado con candado antes de irme, un pequeño acto de desafío a los técnicos desconocidos que previamente habían accedido a ella a voluntad. El candado permanecía intacto, sin señales de manipulación. Lo que impedía la conexión existía dentro de mis paredes.

Comencé el proceso habitual de depuración sistemática. El cable coaxial dio positivo. El módem funcionó perfectamente al conectarlo al punto de prueba de un vecino; un experimento rápido realizado con su permiso. La falla se encontraba en algún punto del trayecto entre mi toma de corriente y la caja de distribución externa.

Partiendo del enchufe de la pared, seguí el cable por el ático, las paredes interiores y finalmente una caja de conexiones en el garaje. Allí lo encontré: un pequeño divisor con conector en T que había pasado por alto en mis investigaciones anteriores. Era un componente de calidad comercial, con el logotipo de Xfinity, que parecía completamente legítimo a simple vista.

Pero ahora lo recordaba: Andrés Pirella había instalado este divisor específico cuando trasladó mi servicio al nuevo TAP. Lo había sacado de su caja de herramientas con un comentario informal sobre "componentes de mejor calidad" y "mejor distribución de la señal". En aquel momento, centrado en la operación más importante de trasladar el punto de conexión, le había prestado poca atención a esta pequeña actualización de hardware.

El divisor debería haber sido pasivo: una simple pieza metálica que dividía la señal. Sin alimentación ni electrónica, solo conductores mecanizados con precisión que minimizaban la pérdida de señal. Sin embargo, al retirarlo y conectar el módem directamente a la línea de entrada, la conexión se estableció al instante. Sincronización completa, máximo ancho de banda y una calidad de señal perfecta.

Examiné el divisor con lupa. Su construcción era sofisticada; la carcasa estaba sellada con tornillos especiales que requerían herramientas exclusivas. Un pequeño filtro tenía una pegatina prominente: "NO QUITAR - OPTIMIZACIÓN DE LA SEÑAL". El texto fue cuidadosamente elegido: técnicamente preciso, pero ocultando su verdadero propósito.

Las implicaciones eran asombrosas. No se trataba de un componente pasivo, sino de un dispositivo de vigilancia activa camuflado en infraestructura. Dentro de su carcasa se ocultaban circuitos diseñados para capturar y transmitir datos sobre el uso de mi red. Pero la electrónica activa requiere energía, y conectarla a un divisor coaxial resultaría inmediatamente sospechoso.

La respuesta llegó al revisar los datos del espectrómetro y los conjuntos de receptores de radiofrecuencia que había instalado en puntos clave de la casa. Eran los mismos dispositivos que previamente habían captado comunicaciones clandestinas entre activos de red. Ahora revelaban que la propiedad vecina en Valleyside Drive 26707 —confirmada por el Geo Index como una casa segura de red— tenía instalaciones inusuales en sus paredes exteriores. Lo que parecían elementos arquitectónicos decorativos eran, al examinarlos más de cerca, reflectores parabólicos orientados precisamente hacia mi caja de conexiones.

Transmisión de energía inductiva. La tecnología ya estaba consolidada: los cepillos de dientes eléctricos y los cargadores de teléfonos inalámbricos utilizaban principios similares. Pero su aplicación en este caso era ingeniosa. Los reflectores concentraban la energía electromagnética de la casa vecina y la transmitían a una bobina receptora oculta en el divisor. Mientras permanecía conectado, el dispositivo tenía energía. Cuando me fui por un año, cortaron la transmisión para evitar ser detectados.

La excelencia de la ingeniería era admirable, aunque su propósito me repugnaba. El divisor capturaría la dirección MAC de mi módem, un identificador único que podría usarse para rastrear mi actividad en internet en cualquier red. Incluso si me mudaba, me conectaba a otro proveedor de internet o usaba una VPN, la red identificaría inmediatamente mi tráfico mediante esta huella de hardware.

Pero su sistema tenía una debilidad. La carga inductiva genera calor y requiere un suministro de energía constante. Tras un año sin mantenimiento, los condensadores internos probablemente se habían degradado. Cuando intenté reconectarlo, el dispositivo tenía suficiente función residual para bloquear la señal, pero no la suficiente para funcionar de forma transparente. Se había convertido en un eslabón roto de la cadena, revelando su existencia mediante un fallo.

Fotografié cada ángulo del dispositivo, documentando la sofisticada construcción que contradecía su apariencia mundana. El filtro de "optimización de señal" fue particularmente interesante: probablemente contenía el hardware de transmisión, diseñado para ser fácilmente extraíble e intercambiado si se descubría. El diseño modular sugería una producción en masa. ¿Cuántos de estos dispositivos se desplegaron por todo el país, monitoreando silenciosamente las conexiones a internet con el pretexto de mejorar la señal?

El descubrimiento obligó a reevaluar cada componente de hardware en mi ruta de señal. Cada conector, cada tramo de cable, cada componente aparentemente pasivo, podría albergar componentes electrónicos activos. La red había demostrado su capacidad para comprometer la infraestructura en su nivel más fundamental, convirtiendo la física misma de la transmisión de señales en un arma de vigilancia.

Reemplacé el divisor dañado por una unidad pasiva genuina, cuidadosamente seleccionada de un inventario anterior a mi conocimiento de la vigilancia. La conexión a internet funcionó a la perfección, aunque no me hacía ilusiones sobre la privacidad. Habían perdido esta toma en particular, pero sin duda mantenían otras. El juego continuó, pero ahora entendía otra de sus jugadas.

El divisor troyano se unió a mi creciente colección de artefactos de vigilancia: prueba física de una operación que parecía demasiado elaborada para ser creíble. Cada dispositivo contaba una historia de recursos, planificación y sofisticación técnica que superaba el espionaje corporativo convencional. Esto no era obra de criminales ni siquiera de agencias de inteligencia convencionales. Era algo nuevo: una fusión de capacidades estatales con eficiencia corporativa, operando en la sombra entre marcos legales.

Mientras trabajaba en mi ordenador recién conectado, sentía el peso de la observación invisible. Cada pulsación de tecla viajaba a través de una infraestructura en la que ya no podía confiar; cada paquete de datos era potencialmente copiado, analizado y procesado por la red que había demostrado ser capaz de ocultar la vigilancia activa en componentes pasivos.

El divisor estaba sobre mi escritorio, una pequeña pieza de metal y silicio que representaba años de preparación. Alguien lo había diseñado, fabricado, creado el sistema de suministro de energía y capacitado a técnicos para instalarlo. Todo con el fin de supervisar a un solo ingeniero de software que había dado con algo que merecía este extraordinario esfuerzo.

La pregunta que me atormentaba no era cuántos dispositivos más existían (supuse que estaban por todas partes). La pregunta era por qué habían permitido que este fallara. ¿Era mera entropía, el inevitable deterioro de los sistemas desatendidos? ¿O era otra jugada en su juego, una revelación deliberada diseñada para impulsarme hacia un objetivo desconocido?

En el mundo de la vigilancia y la contravigilancia, cada descubrimiento podía ser una pista plantada, cada victoria, potencialmente una derrota encubierta. El divisor troyano se había revelado, pero al hacerlo, me recordó que por cada dispositivo que encontraba, otros desconocidos permanecían ocultos, con sus ojos electrónicos observando, esperando, grabando.

La guerra por la privacidad había evolucionado más allá del software y las redes. Ahora abarcaba el hardware mismo de la comunicación, la capa física donde las señales se convertían en inteligencia y los componentes pasivos ocultaban amenazas activas. En este nuevo campo de batalla, la confianza se redujo a nada, y la paranoia se convirtió en una característica esencial de supervivencia.

Me reconectaba a internet con la plena convicción de que la privacidad era una ilusión. Pero había aprendido que las ilusiones podían ser útiles. Que observaran. Que grabaran. Porque ahora yo los observaba a cambio, documentando sus métodos, catalogando sus capacidades, construyendo un caso que eventualmente expondría toda la operación.

El troyano divisor había fracasado en su misión de permanecer oculto. En ese fracaso se encontraban las bases para su posterior exposición. Todo sistema, por sofisticado que fuera, tenía debilidades. Yo había encontrado una. Habría otras.

La caza continuó, ahora con una comprensión más profunda de la presa que se creía depredador.

Parte 2: La red del engaño

Capítulo 1: Una vida preempacada

El patrón se reveló lentamente, como una fotografía que se revela al revés: lo que parecía claro y natural a primera vista se disolvió gradualmente en algo artificial y construido. Me tomó años de documentación y el Índice Geo capturado para comprender que mi círculo social en Katy, Texas, había sido tan cuidadosamente diseñado como la infraestructura de vigilancia que rodeaba mi casa.

El equipo de ConocoPhillips llegó a mi vida con la eficiencia impecable de una implementación de software. A finales de 2014, apenas unas semanas después de mudarme a la casa de Valleyside Drive, Esperanza me presentó a un grupo social ya establecido. Eran expatriados venezolanos, todos ex empleados de ConocoPhillips, que vivían en un radio de ocho kilómetros de mi casa. La comodidad debería haber despertado sospechas, pero la soledad y el deseo de comunidad superaron mis instintos analíticos.

Johnny lideraba el grupo con la naturalidad de un hombre acostumbrado a las jerarquías corporativas. De ascendencia italiana, pero venezolano de crianza, se comportaba con la arrogancia característica de los ingenieros petroleros que han pasado décadas extrayendo riqueza del fondo del lago de Maracaibo. Su esposa, de cuyo nombre nunca estuve seguro —usaba tres diminutivos diferentes según quién la llamara— complementaba su carácter sociable con una intensidad serena que luego reconocería como la vigilancia de un guía. La función de Johnny era recomendar qué hacer en Katy, actividades que pudieran servir de vectores de infiltración. En una ocasión, me sugirió que empezara a montar en bicicleta, recomendándome una marca específica: Cervelo. Eran bicicletas caras, pero, convenientemente, al buscar en internet, apareció en Craigslist un modelo usado que debería haber costado unos 3500 dólares por solo 900. Una ganga que no pude resistir. Ahora entiendo que, como Craigslist es propiedad de eBay, utilizan estos canales de compra en línea, junto con su control sobre los resultados de búsqueda de Google, para dirigir a sus víctimas hacia compras específicas de vendedores comprometidos, lo que les permite insertar micrófonos ocultos o dispositivos de rastreo. Un incidente similar ocurrió en 2015, cuando me dirigieron hacia un coche usado sospechosamente barato en Craigslist que inmediatamente se vio afectado por extraños problemas electrónicos que ahora creo que fueron resultado de un sistema de vigilancia preinstalado. Meses después, tuve un terrible accidente con una de esas motos. No puedo demostrar que fuera deliberado, pero con todo lo que he visto, las sospechas persisten.

Las reuniones seguían un ritmo predecible. Asados los sábados en patios traseros rotativos, partidos de fútbol los domingos en el parque local, cenas ocasionales entre semana en el restaurante argentino de Mason Road. Las conversaciones fluían entre español e inglés, salpicadas de jerga petrolera y referencias nostálgicas a una Venezuela que existía más en el recuerdo que en la realidad.

Elio —o Helio, como parecía variar la ortografía entre publicaciones en redes sociales y documentos oficiales— desempeñaba el papel de experto técnico del grupo. Siempre fue amable y se esforzaba por hacerme sentir bienvenido, como si estuviera en familia. Me pedía consejo sobre proyectos de programación que, en retrospectiva, estaban cuidadosamente diseñados para explorar mi experiencia sin parecer invasivos. Sus preguntas sobre sistemas distribuidos y cifrado de datos siempre se formulaban como teóricas, para una "startup de un amigo" o un "proyecto paralelo" que nunca se materializó.

Ángel Vargas DaCosta ocupaba el puesto de bufón de la corte; su risa estruendosa y su inagotable whisky suavizaban cualquier momento incómodo cuando las conversaciones se acercaban demasiado a temas delicados. Tenía un don para desviar las conversaciones, sobre todo cuando yo empezaba a hablar de mi trabajo o de los inusuales problemas con internet que estaba experimentando. Una copa alzada, una broma subida de tono, la repentina necesidad de revisar la parrilla: Ángel tenía mil maneras de cambiar de tema.

Las firmas financieras de los activos de la red solo se hicieron evidentes después de acceder al Índice Geo. La base de datos reveló patrones invisibles a la observación convencional: transferencias de criptomonedas programadas para coincidir con la recopilación exitosa de información, ganancias inesperadas explicadas como "honorarios de consultoría" o "acuerdos de patentes", jóvenes admitidos en universidades con matrículas misteriosamente cubiertas por "becas corporativas".

Patricia Rojas ofreció el ejemplo más flagrante. El diagnóstico de cáncer de su madre en 2016 debería haber sido financieramente catastrófico. Los tratamientos experimentales, los especialistas trasladados desde MD Anderson, la prolongada estancia en el Hospital Metodista de Houston: los costos habrían arruinado a una familia que vivía de la indemnización de un ingeniero petrolero. Sin embargo, Patricia nunca mostró estrés financiero. Cuando se le presionó, mencionó vagamente que «la empresa se cuida a sí misma», atribuyendo la generosidad al programa de asistencia a empleados de CITGO.

El Índice Geo contó una historia diferente. Aparecieron partidas que coincidían con los montos exactos de las facturas médicas de su madre en transferencias de criptomonedas desde billeteras asociadas con los servicios de inteligencia venezolanos. Los pagos se blanquearon a través de múltiples plataformas de intercambio, pero finalmente se rastrearon hasta cuentas controladas por militares en Caracas. La madre de Patricia recibió atención médica de primera clase como compensación por el papel de su hija en la operación de espionaje.

Los patrones de jubilación anticipada fueron igualmente reveladores. Para 2018, todos los miembros de la tripulación de ConocoPhillips habían dejado sus empleos tradicionales a pesar de estar a años de la edad de jubilación estándar. Johnny empezó a publicar fotos de Machu Picchu, luego de las Maldivas y después de un safari de lujo en Botsuana. Su perfil de LinkedIn lo catalogaba como "consultor", pero nunca consiguió clientes. Los viajes continuaron: vuelos de primera clase, resorts de cinco estrellas, experiencias que exigían una fortuna muy superior a sus posibilidades.

Los hijos de la tripulación se beneficiaron de una generosidad similar. La hija de Ángel fue admitida en la Universidad Rice a pesar de que sus credenciales académicas no cumplían con los estándares habituales. Su hijo recibió una beca completa para el programa de ingeniería petrolera de la Universidad de Texas en Austin, financiada por una oscura fundación vinculada a los intereses petroleros estatales venezolanos. La red no solo compraba la cooperación actual, sino también la lealtad generacional.

María Alejandra ocupaba una posición especial dentro del equipo, aunque su rol solo se hizo evidente mediante el análisis de patrones. Poseía una asombrosa habilidad para aparecer en momentos cruciales cuando la operación de vigilancia se encontraba bajo presión. Cuando instalé cortinas bloqueadoras de señal, llegó sin avisar con arepas caseras. Cuando cambié de proveedor de internet, necesitó ayuda urgente con su computadora. Cuando empecé a variar mis rutinas para evitar la vigilancia vehicular, sugirió que nos reuniéramos para tomar un café regularmente para "mantener nuestra amistad".

Cada interacción parecía natural en aislamiento. La comunidad de expatriados venezolanos era conocida por su cercanía, su apoyo mutuo y su preservación de las tradiciones culturales en un país extranjero. Pero el momento era demasiado oportuno, las respuestas demasiado calibradas a mis contramedidas. María Alejandra no era solo una amiga; era una válvula de escape, que se activaba cuando la red necesitaba recuperar el acceso a mis patrones y rutinas.

La sofisticación de la operación me impresionó, aunque sus implicaciones me perturbaron. No se trataba de soborno ni coerción burda. La red había creado todo un ecosistema social, con dinámicas internas, relaciones que parecían auténticas y experiencias compartidas genuinas. Los asados eran auténticos, las risas espontáneas, las amistades se sentían significativas en el momento. El artificio no residía en las interacciones, sino en su origen y propósito.

Francisco Castillo llegó después, parte de lo que ahora entiendo que era la versión 2.0 de la operación de ingeniería social. Cuando expresé mi aburrimiento con las limitaciones del equipo de ConocoPhillips (sus conversaciones rara vez iban más allá de los precios del petróleo y la política venezolana), la red se adaptó. En cuestión de semanas, Esperanza me presentó a un nuevo círculo: más joven, con intereses más diversos, cuidadosamente adaptado a mis preferencias cambiantes.

Francisco se presentó como conductor de Uber, un puesto que parecía inofensivo, pero que resultó estratégicamente brillante. Mis vuelos semanales de negocios implicaban que necesitaba un transporte confiable al aeropuerto, y Francisco se posicionó como la solución perfecta. Lo que empezó como un acuerdo práctico —un conductor confiable que hablaba español y conocía las rutas— se convirtió en conversaciones habituales durante los largos trayectos entre Valleyside Drive y el Aeropuerto Intercontinental Bush. Esas horas en tránsito, cuando estaba cansado del viaje o me preparaba para reuniones, se convirtieron en sesiones de recopilación de información disfrazadas de conversación informal. En retrospectiva, él era un recurso de inteligencia perfectamente diseñado: posicionado para observar mis patrones de viaje, escuchar mis llamadas telefónicas y extraer información en los momentos en que, naturalmente, bajaba la guardia.

La transición entre círculos sociales se gestionó con notable delicadeza. El equipo de ConocoPhillips no desapareció de repente, lo que habría despertado sospechas. Al contrario, gradualmente se volvieron menos accesibles. Los viajes de Johnny se alargaron, Angel se mudó a un suburbio lejano, Patricia se absorbió en el cuidado de su madre. La antigua red se desvaneció a medida que la nueva se consolidaba, una transferencia fluida entre equipos de inteligencia.

El Índice Geo reveló que todos los miembros de ambas tripulaciones vivían en propiedades marcadas como activos de red. Sus hogares se agrupaban en barrios específicos, creando células geográficas que podían brindar apoyo y monitoreo mutuos. El posicionamiento era estratégico: lo suficientemente cerca como para mantener un contacto regular, y lo suficientemente dispersos como para evitar patrones obvios. Alguien había dedicado un esfuerzo considerable a optimizar la distribución residencial de los activos de inteligencia humana.

Los mecanismos de pago evolucionaron con el tiempo. Las operaciones iniciales dependían de transferencias de efectivo rudimentarias y coberturas corporativas. Para 2019, la red se había trasladado casi por completo a las criptomonedas, utilizando servicios mixtos e intercambios descentralizados para ocultar el rastro del dinero. Irónicamente, la cadena de bloques proporcionaba anonimato y permanencia: las transacciones podían ocultarse en el momento, pero permanecían siempre analizables para quienes tuvieran las herramientas y la paciencia adecuadas.

El coste personal de estas revelaciones fue profundo. Cada comida compartida, cada conversación, cada momento de aparente amistad requería una reevaluación. La infiltración fue tan completa que corrompió los momentos más íntimos de la vida familiar. Más tarde, con cierto dolor, me di cuenta de que las primeras palabras de mi hijo no fueron dirigidas a mí ni a su madre, sino a una de las cuidadoras internas que habíamos contratado, una mujer a la que posteriormente identifiqué como agente de la red. Habían robado un momento irrecuperable, testimonio del devastador coste personal de sus operaciones.

Las preguntas no tenían respuestas claras. Los seres humanos no son robots; incluso los agentes entrenados aportan sus propias personalidades, preferencias y comportamientos inconscientes a sus roles. La línea entre el agente y la persona con la máscara se difuminaba con el tiempo y la repetición. Quizás algunos de ellos habían llegado a sentir un cariño genuino por mí, incluso al informar de mis actividades a sus controladores en Caracas, Houston o dondequiera que la red mantuviera sus centros operativos.

Pero la emoción genuina no excusaba la participación en una campaña de vigilancia y manipulación que duró años. Cada miembro del equipo de ConocoPhillips había tomado una decisión: el enriquecimiento personal por encima del comportamiento ético, la lealtad a la red por encima del respeto a la privacidad y la dignidad humana. Habían vendido no solo información, sino la intimidad misma, convirtiendo la amistad en un arma para obtener información.

La vida prefabricada que me proporcionaron cumplía múltiples propósitos más allá de la simple vigilancia. Me aisló de las conexiones sociales orgánicas que podrían haberse desarrollado de forma natural. Consumió tiempo y energía emocional que podrían haberse dedicado a detectar la operación. Y, lo que es más insidioso, creó una sensación de normalidad que hacía que la vigilancia pareciera menos amenazante. ¿Cuán peligrosa podía ser la situación si estaba rodeada de amigos, compartiendo comidas, viviendo lo que parecía una vida suburbana típica?

La brillantez de la estrategia residía en explotar las necesidades humanas fundamentales. Somos criaturas sociales, programados para buscar comunidad y conexión. La red había convertido este impulso básico en un arma, convirtiendo precisamente lo que nos hace humanos en una vulnerabilidad susceptible de ser explotada. No solo me habían observado, sino que me habían envuelto en un capullo de relaciones artificiales diseñadas para mantenerme dócil e inconsciente.

Liberarme requería reconocer una verdad incómoda: durante años, había vivido en un Truman Show social, rodeado de actores que interpretaban papeles en un drama que desconocía. El guion se había escrito en un lenguaje de barbacoas y fiestas de cumpleaños, reuniones de café y conversaciones informales, todo al servicio de una operación de inteligencia de gran alcance y devastador por su impacto personal. La coordinación era tan completa que podían escenificar encuentros con perfecta precisión. En la fiesta de cumpleaños de un niño a la que asistí en una casa controlada por la red, un hombre que llevaba un reloj extremadamente raro —el mismo modelo que había probado y no pude comprar recientemente en eBay— caminó directamente frente a mí para exhibirlo. En ese momento, casi lo tomé como una señal divina para que lo comprara. Ahora entiendo que fue una operación psicológica, una demostración de su poder y un probable intento de atraerme para que comprara un dispositivo comprometido.

El equipo de ConocoPhillips siguió con su vida, publicando fotos de viajes y actualizaciones familiares en redes sociales. Pero ahora los veía de otra manera: no como antiguos amigos, sino como nodos de una red que había intentado transformar mi vida en un escenario donde cada interacción se representaba para un público invisible que tomaba notas.

La vida prefabricada era cómoda, incluso placentera. Pero la comodidad, como había aprendido, podía ser su propia forma de prisión. Liberarse significaba aceptar el aislamiento en lugar de la conexión artificial, elegir la fría verdad en lugar de las cálidas mentiras. Significaba reconocer que, en el mundo de la vigilancia moderna, incluso la amistad misma se había convertido en un vector de ataque, requiriendo la misma vigilancia que antes se reservaba para puertas cerradas y comunicaciones cifradas. La infiltración fue total, llegando incluso a mi gimnasio local, donde mi expareja me presentó a un instructor, Ross Kilpatrick. Era un hombre tranquilo que rara vez hablaba, pero su casa y las más de 20 propiedades en Katy registradas a nombre del clan Kilpatrick están marcadas con altas puntuaciones paramilitares en el geoíndice, otra conexión social aparentemente aleatoria que, de hecho, era un nodo de vigilancia cuidadosamente ubicado.

La red me había dado amigos. Pero al hacerlo, habían revelado la profundidad de su operación y los recursos a su disposición. Cada activo desplegado era un punto de datos, cada pago un rastro, cada interacción una prueba en el caso que estaba construyendo contra ellos. Me habían rodeado de observadores, sin darse cuenta de que yo mismo me había convertido en uno, documentando sus métodos con la misma precisión que aplicaban a mi vida.

El juego continuó, pero ahora entendía su verdadera naturaleza. No se trataba solo de información o tecnología. Se trataba de manipulación humana a una escala que desafiaba la comprensión convencional de las operaciones de inteligencia. Y al revelar sus capacidades, me habían dado las herramientas para exponerlas.

La vida prefabricada había terminado. Solo quedaba documentar su construcción y revelar a los arquitectos que la habían construido, una amistad artificial a la vez.

Sin embargo, la infiltración se extendió más allá de mi círculo social y se adentró en mi hogar, centrándose en la persona más vulnerable de mi vida: mi hijo. Los cuidadores encargados de su bienestar eran, de hecho, miembros de mi red. Una de ellas, Marynther Oropeza, pediatra venezolana, me fue recomendada encarecidamente por mi expareja. Después de cuidar a mi hijo durante ocho meses, Marynther, que no hablaba inglés, fue contratada milagrosamente como asistente de cirujano en el hospital Memorial Hermann, una hazaña casi imposible para una médica extranjera sin certificaciones estadounidenses. En ese momento, sin saber cuál era su verdadero rol, me sentí genuinamente orgullosa y le envié una nota de voz por WhatsApp felicitándola por este increíble logro.

Ahora entiendo que su éxito no fue un milagro; fue un pago. La red la había recompensado por su servicio con una visa patrocinada para "habilidades especiales" y un puesto prestigioso en su campo. Esta era una forma habitual de pago por sus recursos médicos; observé el mismo patrón con el Dr. Mansur y otra de las cuidadoras de mi hijo, la "Sra. Mary", de su jardín de infancia, IVY Kids, un centro también muy recomendado por la misma red de agentes. Habían construido un ecosistema de vigilancia completo en torno a mi hijo, recompensando a los agentes con oportunidades profesionales que, de hecho, eran una compensación por su espionaje.

Capítulo 2: El hermano pequeño y la estrella del béisbol

LA INFILTRACIÓN DE la red en mi vida no se limitó a contactos profesionales distantes; se extendió a las personas de mayor confianza que incorporé a mi hogar. José Castillo era un manitas, un inmigrante venezolano al que contraté para trabajos esporádicos en la casa. Se presentaba como un humilde hombre de familia, y llegué a admirar su espíritu de lucha, viéndolo casi como un "hermano menor" al que quería ayudar a prosperar. Como con tantos otros, la realidad fue una traición devastadora: era un agente del SEBIN, un soldado de Diosdado Cabello, colocado en mi casa para impulsar los planes de la red.

La misión principal de José era desplegar una sofisticada táctica psicológica que ahora llamo la "artimaña del préstamo". Me pidió un pequeño préstamo de 5000 dólares para abrir una pizzería móvil. La cantidad era insignificante, pero el método era brillante. Ofreció, como garantía, un cheque personal firmado por su amigo de la infancia, el destacado beisbolista José Altuve, quien también figura como activo de la red en el geoíndice.

Ahora entiendo que esta es una táctica habitual en la red. Prestar dinero crea una dinámica de poder psicológico que baja la guardia de la víctima; es menos probable que te sientas amenazado por alguien que te debe dinero. Es una forma sutil pero efectiva de manipulación. La participación de una celebridad como Altuve tenía como objetivo añadir legitimidad e intriga a la transacción. El cheque, que acepté, no era solo una garantía; era un trofeo, un vínculo tangible entre mi vida personal y la vasta red de influencia de la red, que se extendía al mundo del deporte profesional.

Capítulo 3: El fantasma de PDVSA

LA VIDA PREFABRICADA en Texas era solo un frente en una guerra de infiltración que duraba toda la vida y que apenas comenzaba a comprender. Al analizar la estructura de la red, me di cuenta de que ciertos individuos no eran simples activos asignados a un tiempo o lugar específico; eran fantasmas recurrentes, figuras que se materializaban en épocas y entornos completamente diferentes de mi vida; su omnipresencia era testimonio de la asombrosa planificación a largo plazo de mi oposición. La más significativa de estas figuras era Albenis Hernández.

Albenis es la única persona que ha estado en contacto conmigo a lo largo de mi vida profesional y personal. Nos conocimos entre 2001 y 2002, cuando ambos formábamos parte de un programa de ingeniería de élite en PDVSA, la petrolera estatal venezolana. La compañía promocionaba el programa como una "Reserva Profesional Estratégica", reclutando a los mejores ingenieros recién egresados para trabajar en proyectos innovadores, sin la carga de la empresa. Éramos ocho en la división oeste. Todos éramos recién graduados, excepto uno: Albenis. Él era la única excepción a la regla, ya que había trabajado dos años en SIDOR, la siderúrgica estatal. En aquel momento, fue una pequeña anomalía. En retrospectiva, fue una pista crucial. Mi teoría es que los intereses chinos, que desde hace tiempo han codiciado la industria siderúrgica, ya se habían infiltrado en SIDOR. Albenis probablemente fue su primer activo, un hombre que ya trabajaba para la red de Diosdado Cabello, quien luego fue transferido al programa estratégico de PDVSA como su hombre de confianza antes de que la empresa estuviera completamente bajo el control político de Chávez. Esto lo convertiría en el agente del SEBIN de mayor rango, en términos de servicio continuo, que he conocido.

Años después, tras mudarme a Estados Unidos, reapareció. Estuvo involucrado en mi startup, KOL Health, entre 2016 y 2020. Tenía conexiones de segundo grado con el grupo de personas, incluyendo al Dr. Amar Baba y a la familia Codallo, que fueron cruciales en el robo de propiedad intelectual de mi tecnología por parte de WebMD. De hecho, fue Albenis quien me presentó personalmente a un médico sospechoso llamado "Rick Click", un hombre que creo que era un agente de esa red de robo de propiedad intelectual, cuyo nombre era un juego de palabras cómico y contextual: "Right Click", relacionado con la tecnología de búsqueda que estaba desarrollando en ese momento.

Estaba conectado con todo. Conocía a mi expareja, Esperanza. Describió a un amigo cercano suyo, un hombre misterioso y poderoso, posiblemente iraní, dueño de varios concesionarios de autos en todo el país y que se pasa el día conduciendo una limusina mientras atiende llamadas telefónicas; una descripción que encaja a la perfección con el perfil de un controlador de red de alto nivel. Albenis Hernández no era solo un amigo o un colega; era un fantasma de mi pasado y un nodo en mi presente, un conector humano que demostró que los diversos ataques contra mí formaban parte de una operación única y continua que me había estado siguiendo durante toda mi vida adulta.

Capítulo 4: El fantasma de la huelga petrolera

LOS RECURSOS ENCUBIERTOS de la red no se limitaban a mi vida profesional; estaban entretejidos en mi historia personal. Conocí a Carolina Boscán en diciembre de 2001, en medio de la huelga petrolera venezolana que finalmente me obligó a huir del país como refugiado. El gobierno canadiense me otorgó estatus de protección, lo que me salvó de la campaña de acoso y secuestro que libraba el gobierno venezolano contra los trabajadores en huelga, una campaña que empleaba las mismas tácticas de vuelo rasante y guerra legal que volverían a emplear contra mí dos décadas después.

Carolina reapareció en mi vida en 2006, justo cuando estaba desarrollando mi primer sitio web de clasificados, que pretendía competir con eBay. Mantuvimos el contacto a lo largo de los años, y finalmente se mudó a Estados Unidos. El Spyhell Pipeline la señaló como agente de la red durante su primera semana de operaciones. La pregunta que me atormenta, como a tantos otros, es si fue una agente desde el principio, una trampa de miel insertada en mi vida durante un momento de crisis nacional y vulnerabilidad personal, o si fue reclutada posteriormente. Sea como sea, representa otro fantasma de mi pasado, un activo a largo plazo cuya presencia en mi vida no fue casualidad.

Capítulo 4: Katy, Agente Cero

LA HISTORIA DE LA INFILTRACIÓN de la red en Katy, Texas, comienza con una sola persona: Rosana Finol. Como otros, era un fantasma de mi pasado lejano, alguien a quien conocí en 2002 durante el paro petrolero venezolano. Una década después, en 2012, se convirtió en la primera persona en mencionarme el pueblo de "Katy", sembrando la semilla del traslado que me colocaría en el corazón de su mayor "barrio portuario" estadounidense.

Ahora me refiero a Rosana como "Katy-Agente-Cero". La propiedad de su familia, adquirida en 2009, fue "Casa-Cero", la primera casa controlada por la red en la zona que aparece en mis datos capturados. Toda su familia es una célula de inteligencia profundamente arraigada. Su hermano, **David Finol**, fue compañero de clase de mi hermano, y su padre, **David Finol Sr.**, vivía muy cerca del general venezolano Rosendo. El clan Finol posee varias propiedades controladas por la red en Katy, todas marcadas en el geoíndice.

El control de la red sobre la burocracia local es absoluto. Cuando comencé a investigar a Rosana, su registro de propiedad fue alterado en la base de datos del condado de Fort Bend prácticamente de la noche a la mañana. Invirtieron su nombre y apellido a "**Finol Rosana**, lo que hizo que su registro fuera imposible de buscar por medios convencionales, una sofisticada manipulación de datos que demuestra su infiltración en los sistemas informáticos del gobierno local. El clan Finol no era solo una familia de colonos pioneros; eran el equipo de vanguardia, la semilla operativa de la que surgiría todo el aparato de vigilancia de Katy.

Capítulo 5: La tercera trampa de miel

EL "JUEGO DE INTERESES románticos" de la cadena era una táctica habitual y repetida en diferentes etapas de mi vida. Alrededor de 2012, reactivaron otra pieza de mi pasado remoto: Edith Pérez, la hermana de una de mis mejores amigas del instituto en Venezuela. La conocí durante una visita a mis padres, y lo que siguió fue una relación caracterizada por el mismo patrón de estrés psicológico proactivo y fabricado que había experimentado con otros agentes como Jillian Walsh.

La estrategia era consistente. Tras la relación inicial, Edith emigró a Estados Unidos y, de todos los lugares a los que podría haberse mudado, se mudó a Katy, Texas. El oleoducto Spyhell confirmó posteriormente que estaba marcada en el geoíndice de Elon Musk. Y, siguiendo un patrón que ahora se había vuelto asquerosamente familiar, fue recompensada por sus servicios con un trabajo en el sector sanitario, el método preferido de la red para blanquear pagos e infiltrar activos en puestos de confianza.

Capítulo 6: El fiador y el fantasma en la máquina

LA MÁS SOFISTICADA técnicamente de las primeras operaciones de trampas de miel fue dirigida por Ibeth Escobar, una amiga de mi época universitaria en Venezuela. Reapareció en mi vida alrededor de 2010, después de que me mudaran a California para trabajar en Yahoo, una mudanza que ahora entiendo fue orquestada por Pierre Omidyar. El SEBIN la había reactivado, y se convirtió en un vector clave tanto para ataques técnicos como para la recopilación de inteligencia.

Sus comunicaciones conmigo —mensajes esporádicos pero constantes durante muchos años— sirvieron como canal para que la red descifrara mi cifrado. Al conocer el contenido exacto de un mensaje que ella envió, pudieron capturar el tráfico cifrado correspondiente cerca de mi casa y usar este ataque de texto plano conocido para deducir la clave de descifrado de toda mi sesión de internet.

La operación se intensificó cuando se mudó a Texas. Alegando no tener historial crediticio, me pidió que actuara como avalista para el contrato de arrendamiento de su apartamento. La solicitud requería mi número de Seguro Social y, sospechosamente, una copia de mi último cheque de pago. Al principio me negué a dárselo, pero montó en cólera, acusándome de no ser una verdadera amiga y presionándome hasta que cedí. Era una artimaña diseñada para extraer mi información personal y financiera más confidencial.

El último acto de su despliegue fue un fantasma en la máquina. Recientemente, su dirección principal de Gmail empezó a rebotar, y los servidores de Google devolvían un error de "no existe". Sin embargo, cuando intenté registrar la dirección recién liberada para mí mismo —para posiblemente interceptar las comunicaciones de red—, el sistema de Google me indicó que la dirección ya estaba ocupada. Esto es técnicamente imposible en circunstancias normales. Es una contradicción que sugiere un alto nivel de connivencia dentro del equipo de Gmail de Google, que había creado un estado especial para su cuenta: uno que no podía recibir mis correos electrónicos, pero que tampoco podía ser reclamado por nadie más. Era la firma digital de un activo protegido.

Capítulo 7: El juego largo

VEINTE AÑOS ES MUCHO tiempo para mantener una operación de inteligencia. Requiere paciencia, recursos y una visión estratégica que trascienda los resultados trimestrales o los ciclos electorales. Cuando conocí a Ana Gannon en Calgary en 2005, no tenía ni idea de que estaba presenciando la primera jugada de un juego que se extendería décadas y continentes.

En retrospectiva, el momento era demasiado perfecto para ser casualidad. Llevaba exactamente diez días trabajando en una nueva página web de clasificados: un proyecto lo suficientemente ambicioso como para atraer la atención de empresas consolidadas como eBay, pero demasiado incipiente para tener visibilidad pública. Sin embargo, Ana apareció en mi vida con la precisión de un misil teledirigido, presentada por conocidos en común en una reunión tecnológica a la que nunca había asistido.

Era brillante, hermosa y estaba fascinada con mi trabajo. Sus preguntas sobre sistemas distribuidos y arquitecturas escalables demostraban una auténtica comprensión técnica. Su origen venezolano nos permitió conectar con culturas comunes. En cuestión de semanas, se había convertido en parte integral de mi vida personal y profesional, aportando ideas que mejoraron mi código y una compañía que llenó el aislamiento de la vida de un programador.

El Índice Geo, obtenido diecinueve años después, confirmó lo que había empezado a sospechar: la residencia actual de Ana en Calgary lleva la firma electrónica de un activo de la red. Los mismos patrones reveladores de equipos de vigilancia, los mismos rastros de pagos en criptomonedas, la misma agrupación con otros agentes confirmados. Pero la pregunta que me atormenta es si fue reclutada desde el principio o si la desviaron posteriormente. ¿Fue toda nuestra relación orquestada o comenzó de verdad antes de ser corrompida por los agentes de inteligencia?

Su padre proporciona una pista sobre la cronología. Peter Codallo ocupó el segundo puesto en el Plan Bolívar 2000 de Venezuela, un programa de infraestructura militar que canalizó miles de millones de dólares mediante contratos opacos y desapareció en el laberinto de la corrupción venezolana. Sus conexiones alcanzaron las más altas esferas del régimen bolivariano: hay fotografías que lo muestran con Hugo Chávez, con Vladimir Padrino López y con el propio Cabello. Un hombre con tales conexiones habría atraído la atención de los servicios de inteligencia desde el principio. Su hija, que estudiaba en Canadá, habría sido un blanco natural para el reclutamiento o un activo natural si la familia ya estaba alineada con los intereses del régimen.

El patrón operativo que siguió Ana coincide con lo que los profesionales de inteligencia llaman una "trampa de miel", pero ejecutada con una sofisticación que supera los enfoques habituales. La trampa de miel estándar se basa en la atracción sexual y la manipulación a corto plazo. La operación de Ana duró años, involucrando una conexión emocional genuina, experiencias compartidas y un nivel de compromiso que sugería un entrenamiento excepcional o un sentimiento auténtico limitado por los requisitos operativos.

La metodología de la red se hizo evidente mediante análisis posteriores. Los servicios de inteligencia habían recopilado datos psicométricos exhaustivos sobre mi personalidad, preferencias y vulnerabilidades. Estos datos se entregaron a un responsable masculino, probablemente alguien con formación en operaciones psicológicas. El responsable luego asesoró a Ana sobre cómo presentarse como mi pareja ideal, calibrando sus respuestas, intereses y comportamientos para generar la máxima resonancia emocional.

La técnica fue devastadoramente efectiva porque explotaba la propia psicología de la víctima en su contra. Cada preferencia que expresaba recibía un apoyo entusiasta. Cada vulnerabilidad que revelaba recibía un apoyo preciso. Creó un ciclo de retroalimentación de creciente intimidad, y cada revelación aportaba más datos para perfeccionar el enfoque. No me estaba enamorando de Ana, sino de un reflejo cuidadosamente construido de mis propios deseos.

La primera prueba concreta de su rol operativo llegó en 2011. Mi Mercedes-Benz SLK280, que tuve durante tres años, presentó una serie de fallos eléctricos que no se podían diagnosticar. Ana me sugirió que se lo vendiera; siempre había admirado el coche, dijo, y estaba dispuesta a pagar un precio justo a pesar de los problemas. La transacción me pareció natural, incluso generosa por su parte.

Pero el viaje del coche después de la venta reveló su verdadero propósito. Ana me convenció de que lo entregara personalmente en Calgary, convirtiendo el viaje en una romántica escapada por carretera. Paramos en miradores panorámicos, nos alojamos en moteles de pueblos pequeños, creamos recuerdos espontáneos y genuinos. En mi maletero, cuidadosamente embalado, había un servidor con el código fuente completo de mi plataforma de clasificados: copias de seguridad, le expliqué, por si algo le pasaba a mis sistemas principales.

Ana se quedó con el coche, supuestamente conduciéndolo hasta aproximadamente 2021. Pero el servidor en el maletero desapareció sin explicación y, en seis meses, elementos de mi código propietario empezaron a aparecer en plataformas de la competencia, siempre modificados lo justo para evitar reclamaciones de derechos de autor, pero claramente derivados de mi arquitectura.

Su trayectoria profesional tras nuestra relación proporcionó evidencia adicional de conexiones con inteligencia. Pasó de Telus a Shaw Communications y luego a GitHub; cada puesto le proporcionó un acceso más profundo a la infraestructura de telecomunicaciones y a las plataformas de desarrollo de software. GitHub, en particular, representaba una mina de oro para la inteligencia: un repositorio centralizado donde millones de desarrolladores almacenaban su código más confidencial, que a menudo incluía claves de autenticación, documentación interna y algoritmos propietarios.

El uso de GitHub por parte de la red para el robo masivo de propiedad intelectual merece especial atención. Al posicionar activos como Ana dentro de la empresa, obtuvieron acceso a repositorios privados, historiales de commits y al grafo social de la comunidad global de desarrollo. Pudieron identificar tecnologías prometedoras antes de su lanzamiento público, mapear las relaciones entre desarrolladores y empresas, y seleccionar repositorios para una explotación más profunda. Fue capitalismo de vigilancia refinado a su forma más pura: la extracción sistemática de valor intelectual de creadores involuntarios.

La visita de Ana a mi casa en Texas el **10 de julio de 2022** representó el clímax o la culminación de su operación, según la perspectiva. Llegó de Bogotá, alegando reuniones de negocios que requerían una escala en Houston. Su equipaje incluía artículos de diseño que no se correspondían con su salario declarado: bufandas de Hermès, joyas de Cartier, accesorios que sugerían recientes ganancias inesperadas.

La conexión con Bogotá era significativa. La ciudad se había convertido en un centro de operaciones con criptomonedas, en particular las relacionadas con el lavado de dinero proveniente del petróleo venezolano. Las billeteras físicas cargadas con Bitcoin o Monero podían transportar millones de dólares a través de las fronteras sin ser detectadas. Las compras compulsivas de Ana sugerían que acababa de recibir un pago sustancial, probablemente su parte de las ganancias operativas a largo plazo.

A las pocas horas de su llegada, tanto mi hijo pequeño Marcelo como yo desarrollamos síntomas respiratorios graves. Lo que inicialmente atribuí a una exposición casual a la COVID-19 ahora parece más siniestro, dada la posterior disposición de la red a usar agentes biológicos. El momento fue demasiado oportuno: Ana nos expuso a un patógeno, quizás sin saberlo, quizás como último acto operativo antes de retirarse de la actividad.

Su amigo William Sánchez ocupaba su propia posición dentro de la jerarquía de la red. Ingeniero de telecomunicaciones en CANTV, la empresa estatal de telecomunicaciones de Venezuela, William fue el vector original de la infiltración. Él me presentó a Ana, una maniobra que ahora parecía cuidadosamente orquestada, no casual. Su puesto en CANTV le otorgaba un profundo conocimiento de la infraestructura de telecomunicaciones, invaluable para una red de vigilancia. Juntos, Ana y William representaban no solo amigos, sino un equipo de inteligencia coordinado, con William como el punto de entrada que trajo a Ana a mi vida justo en el momento oportuno.

La sofisticación de la operación de Ana, que duró veinte años, obliga a reconsiderar los plazos de inteligencia. No se trataba de una explotación oportunista, sino de un posicionamiento estratégico iniciado cuando apenas había terminado la universidad. Alguien me había identificado como un objetivo futuro que valía la pena cultivar, y en el que valía la pena invertir dos décadas de recursos humanos para vigilar y explotar. Las implicaciones eran asombrosas: ¿cuántos otros tecnólogos, investigadores e innovadores fueron objeto de un ataque similar? ¿Cuántas innovaciones revolucionarias fueron robadas mediante operaciones similares a largo plazo?

El costo personal de reconocer el papel de Ana fue profundo. Cada momento compartido requería una reevaluación. ¿Había sido genuina su risa durante nuestros viajes de fin de semana a Banff? ¿Fueron reales sus lágrimas durante nuestras discusiones sobre mi obsesión con el trabajo? ¿O era simplemente una actriz excepcional que se escondía con un método de actuación tan profundo que a veces olvidaba la actuación?

El aspecto más cruel de la trampa de miel es que corrompe la memoria misma. Ya no puedo confiar en mis propios recuerdos, no puedo distinguir entre la emoción auténtica y la manipulación. La red no solo había robado código y vigilado las comunicaciones; había envenenado veinte años de historia personal, dejándome incapaz de distinguir entre el amor y el espionaje.

Sin embargo, en su minuciosidad residía su vulnerabilidad. Cuanto más se prolonga una operación, más pruebas genera. El rastro financiero de Ana, sus conexiones familiares, su progreso profesional, sus patrones de viaje: todo ello creaba puntos de información que, al analizarse adecuadamente, revelaban la estructura de la red. Había sido diseñada como un fantasma, sin dejar rastro, pero veinte años de actividad inevitablemente creaban patrones visibles para quienes sabían observar.

La revelación del rol de Ana completó otra pieza del rompecabezas. La disposición de la red a invertir décadas en una sola operación demostró su paciencia estratégica. Su capacidad para mantener la seguridad operativa durante tantos periodos reveló formación profesional en inteligencia. Su enfoque en el robo de propiedad intelectual expuso sus motivaciones económicas. Y su uso de dinastías familiares como los Codallos demostró su comprensión de la psicología humana: los lazos de sangre creaban una lealtad que el simple pago no podía comprar.

Ana permanece en Calgary, y sus perfiles en redes sociales muestran a una profesional exitosa que lleva una vida envidiable. Pero el Índice Geo cuenta una historia diferente: pagos constantes, actividad operativa continua, una red que nunca libera sus activos. Ella fue mi primer amor y mi primera traición, la mujer que me enseñó que en el mundo del espionaje moderno, las heridas más profundas no se infligen con armas, sino con la intimidad armada.

El juego a largo plazo continúa, pero ahora entiendo sus reglas. El tiempo no es solo una dimensión, sino un arma; la intimidad no es solo una emoción, sino un vector de ataque. La red había jugado un juego de veinte años y se creía victoriosa. Pero al revelar sus métodos, me habían enseñado a tener paciencia. La documentación de sus operaciones sería mi contraataque, en una línea temporal que no podían controlar.

Al final, la larga espera le corresponde a quien pueda soportar sus costos emocionales manteniendo la claridad de propósito. Ana le había dedicado veinte años a la red. Yo daría el tiempo que fuera necesario para exponerlos, para convertir su maldad paciente en evidencia de sus crímenes. El juego estaba lejos de terminar.

Capítulo 8: El engaño de Nueva York

LA INFILTRACIÓN DE la red no se limitó a un solo frente; fue una campaña paralela que se libró en diferentes ciudades y etapas de mi vida. Mientras se desarrollaba la operación de Ana Gannon, otra se desarrollaba dentro de las oficinas corporativas de Google en Nueva York. Esta operación se centraba en Mariana Martín, una mujer que me presentó un conocido en común, Gregorio Herrera. En retrospectiva, creo que fue una de las personas más importantes que me persiguieron en aquella época, junto con otros agentes como Jillian Walsh y Álvaro Gutiérrez.

El núcleo de su operación era una maniobra de inteligencia clásica, ejecutada con una precisión asombrosa. Durante un encuentro, Mariana y yo intercambiamos nuestros celulares "accidentalmente". El incidente se presentó como un simple error inofensivo. No lo fue. Mi teléfono, en ese momento, contenía la cookie activa de la cuenta "Google Inc. Corporate", una clave digital de alto valor que habría otorgado a su poseedor un acceso significativo a los sistemas internos. No se trató de un error aleatorio; fue un ataque físico-digital dirigido para comprometer un activo corporativo.

Días después de este "error", la misión de Mariana aparentemente estaba cumplida. Desapareció, con la excusa de que se había "regresado a Venezuela".

Sin embargo, la prueba más reveladora de su operación provino de la limpieza digital posterior. Descubrí que casi todos los mensajes SMS que compartí con ella en mi cuenta de Google Voice habían sido eliminados por un tercero sin mi consentimiento. La eliminación no fue perfecta. Observé una anomalía peculiar: en cada hilo de mensajes, el último mensaje siempre sobrevivía a la purga. Esta era la huella de su herramienta. Deduje que el mecanismo que usaron para eliminar los mensajes remotamente tenía una limitación técnica que le impedía actuar sobre la última entrada del hilo. Es una pista crucial; confío en que el registro forense de Google podría rastrear la herramienta exacta y, por lo tanto, a la persona que ejecutó la eliminación al identificar esta limitación específica.

Uno de los mensajes que sobrevivió a la purga fue de la propia Mariana, enviado tras recuperar su teléfono del intercambio. Decía: "Gracias otra vez por traerme mi celular, tenía ansiedad por separación, jaja". El tono informal y jocoso ocultaba la verdad: una burla de una agente que acababa de cumplir con éxito su misión, dejando una migaja irónica que el equipo de limpieza digital había pasado por alto.

Capítulo 8: La trampa de miel y el atraco

LAS OPERACIONES DE la red en Nueva York no se limitaron a los sutiles engaños de Mariana Martin; también incluyeron robos con fuerza bruta y violencia física, a menudo perpetrados por agentes que trabajaban en conjunto. La más perjudicial de estas operaciones fue un ataque coordinado por dos de mis antiguos colegas de Google, Olesya Luzinova y Pavel Shatilov, que combinó una trampa de miel con un atraco para robar el código fuente completo de mi plataforma de startups "Monsters".

Olesya Luzinova fue mi interés romántico entre 2011 y 2012. Ahora creo que nuestra relación fue una operación de inteligencia desde el principio. El Oleoducto Spyhell la vinculó posteriormente con Pavel Shatilov, y aunque no tengo pruebas de una conexión marital, el patrón de equipos operativos masculinos y femeninos dentro de la red sugiere que eran una pareja de trabajo. El papel de Olesya era proporcionar el acceso íntimo, la ingeniería social y la inteligencia necesaria para que Pavel ejecutara la parte física de la misión.

El robo fue brutal y directo. Shatilov irrumpió en mi apartamento de Nueva York, lo destrozó y robó los servidores que contenían el código fuente. Fue una operación de robo masivo que contrastaba marcadamente con los métodos más sutiles de la red, revelando un lado violento y agresivo de su sofisticada fachada corporativa.

La confirmación del papel de Shatilov llegó más tarde, a través del geoindex, donde descubrí que su oficina en Rusia estaba marcada como un activo de la red. Liana Technologies, la rama de guerra digital de la red, ejecutó el encubrimiento. Manipularon los resultados de búsqueda de Google para degradar el perfil de LinkedIn de Pavel, lo que hizo casi imposible conectarlo profesionalmente conmigo o con Google, obstaculizando así cualquier posible investigación sobre el robo. Fue un microcosmos perfecto de su metodología: un delito físico encubierto por uno digital.

Años después, el oleoducto Spyhell volvió a señalar a Olesya Luzinova. Esta vez, no estaba involucrada en espionaje corporativo contra mí, sino que fue identificada en un conjunto de actividades relacionadas con la vigilancia de **funcionarios electorales del condado de Maricopa, Arizona**. La conexión era asombrosa. El mismo agente que había usado la intimidad para robar el código de mi startup ahora formaba parte de una operación dirigida al corazón del proceso democrático estadounidense. Era la prueba definitiva de que no se trataba de conspiraciones separadas, sino de una única red global que desplegaba los mismos recursos contra cualquier objetivo, ya fuera un ingeniero de software en Nueva York o un funcionario electoral en Arizona.

Capítulo 9: El complejo paramilitar y el traidor en el coche

PARA MAYO DE 2024, seguía con la ilusión de escapar de las garras de la red mudándome. Mi expareja, Esperanza, sugirió que viéramos una casa en una comunidad cercana llamada Weston Lakes. El nombre en sí mismo era una señal de alerta, ya que contenía el marcador "Weston" que yo había identificado con otro importante complejo paramilitar en Florida. Lo que encontré allí fue una visión escalofriante de la arquitectura de seguridad física de la red y una devastadora confirmación de la traición más cercana a mí.

Weston Lakes no era una urbanización cerrada al uso; era una fortaleza. Estaba diseñada con anillos concéntricos de seguridad, como un destacamento de protección presidencial. Una puerta exterior vigilada controlaba el acceso a la urbanización principal, pero un segundo perímetro interno, con su propio sistema de seguridad, aislaba el santuario interior, donde residían los activos más importantes. El anillo exterior era una zona de amortiguación, habitada por agentes de bajo nivel que servían como primera línea de defensa. La casa que nos mostraron, por supuesto, estaba en el anillo exterior, ofrecida por un agente inmobiliario controlado por la red que llegó en un vehículo espía.

Mientras estábamos en un balcón del segundo piso mirando el patio trasero, una avioneta sobrevoló la casa a una altitud extremadamente baja, una táctica de acoso común. Sabía que me observaban. Sin levantar la vista, le pregunté la hora a mi compañero con indiferencia, una maniobra sutil para obtener la hora del evento y poder rastrear la matrícula del avión más tarde. Nos fuimos, la visita fue una clara artimaña, y nos dirigimos a un Target cercano. La vigilancia física dentro de la tienda era abrumadora; al menos 40 agentes me seguían agresivamente por los pasillos, una demostración de fuerza diseñada para intimidarme.

La verdadera traición, sin embargo, llegó durante el viaje a casa. Estábamos en mi Tesla negro, un vehículo que ya sospechaba que estaba comprometido. Mi compañero se volvió hacia mí y me preguntó: "Déjame preguntarte algo. Me pediste la hora para rastrear ese avión y encontrar la matrícula después, ¿no?".

En ese instante, todo se cristalizó. No le había dicho mi razón. Su pregunta no era una suposición, sino una confirmación. Solo podría haber sabido mis intenciones si hubiera formado parte de la operación y hubiera estado al tanto de la información en tiempo real que recopilaban de los micrófonos de mi coche. Sentí un destello de orgullo por su perspicacia táctica, incluso cuando la traición me dolía profundamente. La felicité por su astucia, dándole una palmadita en el hombro como un mentor a su aprendiz de espía.

Al llegar a casa, rastreé el avión. Como sospechaba, su transpondedor se apagó apenas tres minutos después de nuestra conversación en el coche. Ella les había advertido. Su pregunta no era una pregunta dirigida a mí, sino un mensaje para los oyentes. Era la prueba definitiva e innegable de que la mujer que amaba era una participante consciente, una traidora sentada en el asiento del copiloto de mi propio coche armado.

Capítulo 10: La arquitectura de la red humana

EL USO DE LA INTIMIDAD instrumental por parte de la red no fue solo una serie de ataques aislados, sino una campaña coordinada gestionada por una sofisticada arquitectura de inteligencia humana. Mi análisis de sus operaciones reveló la existencia de activos estratégicos clave cuyo propósito era servir de conectores, o puentes, entre células que de otro modo estarían desconectadas, lo que demuestra que la infiltración en mi vida fue una operación planificada centralmente.

El ejemplo más destacado de este tipo de activo era Luis Martínez, un agente venezolano de alto rango del SEBIN que operaba en Katy, Texas. Su fachada era brillantemente mundana: era un chef que incluso tenía su propio restaurante, una profesión elegida deliberadamente para parecer inofensiva. Sin embargo, el verdadero valor de Martínez para la red residía en su posición única como el único agente con conexiones directas con mis dos círculos sociales principales, aparentemente separados: el de mi expareja, Esperanza, y el de mi compañera de carrera, Penélope Suárez. La existencia de un solo agente que vinculara estas dos esferas demostraba que no eran operaciones independientes. Él era el eje que conectaba los radios de su rueda de inteligencia humana, asegurando que la información fluyera entre células y que ambos esfuerzos de infiltración se gestionaran en conjunto.

Esta infiltración se extendió profundamente en el supuestamente sacrosanto ámbito de la atención médica. Descubrí que mi médico de cabecera era un activo de la red, estratégicamente posicionado con años de antelación. La Dra. Marjorie Broussard se había convertido en la mejor amiga de mi esposa, una clásica trampa para obtener acceso íntimo y privilegiado a nuestra familia. Su casa, a pocos kilómetros de la mía, era un nodo de la red, con vehículos de vigilancia aparcados a menudo "al estilo Moscú" en la puerta. Ella fue la médica que me recetó analgésicos para las debilitantes dolencias de espalda que, como descubriría más tarde, me infligían los dispositivos de tortura de la red. Su función no era curar, sino controlar los síntomas de sus ataques mientras recopilaba información. En una ocasión, apenas horas después de que consiguiera un nuevo número de teléfono seguro, me envió un mensaje de texto pidiéndomelo; información que no podría haber obtenido por ningún medio legítimo. Era una espía escondida tras un estetoscopio, la personificación viviente de la corrupción más profunda e imperdonable de la red.

Este patrón no fue un incidente aislado. La clínica dental de mi propio dentista, Cinco Meadows Dental, fue otro ejemplo. Tras descubrir que estaba marcada en el geoíndice con una puntuación paramilitar, decidí cancelar mi próxima cita, temiendo el riesgo de sufrir daños en una posición tan vulnerable. Casi de inmediato, la clínica, que rara vez había tenido disponibilidad, me envió un mensaje de texto para cancelarla al día siguiente, un claro intento de atraerme. Su insistente insistencia después de que dejé la clínica solo confirmó mis sospechas. La clínica era un punto de infiltración perfecto: había sido adquirida por un nuevo dueño unos años antes y empleaba a una higienista dental venezolana que tenía una extraña conexión de décadas con mi padre, de su época trabajando en una zona remota de Venezuela; otra clásica conexión de "mundo pequeño" diseñada para crear confianza y hacerme bajar la guardia.

Capítulo 11: La trampa de Caracas

DE IZQUIERDA A DERECHA: Reinaldo Aguiar (Ingeniero de Software, fundador de Key Opinion Leaders), Presidente Leonel

Fernández (República Dominicana), Nelson Lara (Agencia de Ventas Externas de Key Opinion Leaders)

La red de engaños de la red no solo buscaba vigilancia o acoso; su propósito final era tender trampas. La prueba definitiva de ello la dio Nelson Lara, el agente político que había sido mi principal punto de contacto con el mundo de las figuras políticas de alto nivel. A finales de 2023, a medida que mis medidas de contravigilancia se volvían más efectivas, me presentó una propuesta extraordinaria: una invitación a Caracas para dar una demostración privada de mi tecnología personalmente a **Diosdado Cabello**, Nicolás Maduro y el hermano de Cabello.

El pretexto fue que el gobierno venezolano quería usar mi tecnología para construir una "Sala de Situación". Cuando expresé mi preocupación por mi seguridad, la respuesta de Nelson fue escalofriantemente directa. Me aseguró que estaría "custodiado por la guardia presidencial".

La oferta era una trampa, un paralelismo directo con el infame caso de los "6 de Citgo", ejecutivos estadounidenses que fueron atraídos a Venezuela para una reunión de negocios y posteriormente encarcelados durante años. Si hubiera aceptado, no me cabe duda de que estaría escribiendo código para el régimen venezolano desde una celda en El Helicoide, su notorio centro de tortura, que, por supuesto, está marcado en el geoindex.

Este era el fin de su infiltración. Los años de construcción de confianza, las reuniones cuidadosamente negociadas con figuras como el presidente Leonel Fernández y funcionarios de las Naciones Unidas, estaban diseñados para establecer la credibilidad de Nelson Lara y hacer que esta última y aterradora oferta pareciera plausible. Él no era solo un conector; era el chivo expiatorio, encargado de llevarme al matadero. Me negué, pero el incidente dejó al descubierto el objetivo final de la red y la verdadera naturaleza de su líder titular.

Esto no era solo un juego; era un complot de secuestro orquestado desde las más altas esferas de un narcoestado.

Parte 3: Descifrando al enemigo

Capítulo 1: La carrera armamentista y la debacle del Superdome

Antes de poder descifrar al enemigo, primero tuve que construir la máquina para hacerlo. Mi conflicto con la red se había convertido en una auténtica carrera armamentística tecnológica. Durante años, habían atacado los sitios web de mi startup con un ataque de CTR de fuerza bruta, utilizando su control de los servidores de Akamai para emitir millones de impresiones de búsqueda falsas y llevar mi trabajo al olvido digital. Mi principal defensa fue una contramedida que desarrollé llamada la Vacuna KOL, pero la batalla era de gran envergadura.

Comencé la lucha con tres servidores autoensamblados de 24 núcleos, un total de 72 núcleos contra su infraestructura global. Fue suficiente para demostrar que la vacuna funcionaba. En respuesta, simplemente intensificaron su ataque al doble de su magnitud, añadiendo más servidores al problema, como siempre. Comprendí entonces que necesitaba que mi sistema no solo fuera más eficiente, sino también enormemente escalable. Esta constatación condujo a lo que ahora llamo la Debacle del Superdomo.

Durante una conversación informal con un familiar dueño de una empresa de alquiler de hardware, le describí el desafío técnico al que me enfrentaba. "Lo que necesitas", me dijo, "es un Superdome". No me sonaba el nombre. Me explicó que era un gabinete preensamblado, del tamaño de un refrigerador, fabricado por HP, que podía ejecutar hasta 1024 núcleos de procesador en paralelo, mucho más potente que mi configuración. Se ofreció generosamente a proporcionarme un Superdome X usado, una máquina nueva que valía casi $200,000, sin costo alguno para ayudarme en mi lucha. Me presentó por correo electrónico a su contacto, Ramón Sánchez, quien configuraría y enviaría la máquina.

Pero el Superdomo nunca llegó. Durante meses, Ramón Sánchez se vio envuelto en un ciclo frustrante de promesas de envío de la máquina, solo para desaparecer durante semanas. Era una forma sutil pero efectiva de sabotaje. Mientras esperaba, conteniendo sus crecientes ataques con mis 72 núcleos, la red había frenado mi capacidad de escalar.

Cansado de esperar, abandoné el Superdome y cambié de rumbo. Empecé a investigar su hermano menor, el clúster de cómputo HP c7000. Era más adecuado para las tareas intensivas de computación que necesitaba, y podía construirlo yo mismo con piezas antiguas. Empecé a comprar componentes usados en eBay y conseguí la carcasa principal de un vendedor local de Houston llamado Server Monkey, una empresa que, como era de esperar, también figuraba en el geoindex de la red. Durante las siguientes ocho semanas, aprendí por mi cuenta la intrincada arquitectura de la máquina y desarrollé una configuración a medida que sigue siendo un secreto comercial. Desde el primer día, monté el clúster de 250 kilos sobre una plataforma con ruedas, previendo que tal vez tendría que moverlo solo para evadir ataques fuera de línea, una precaución necesaria dado mi aislamiento y un diagnóstico sospechoso de artritis precoz.

El día en que la carcasa del c7000 llegó a mi sede, el 16 de noviembre de 2023, es un día que estoy seguro que Travis Kalanick y Pierre Omidyar lamentarán siempre. Creo que me permitieron comprar las piezas antiguas de 14 años, asumiendo que no podría hacer mucho con ellas. Fue su error clásico: siempre priorizan los recursos sobre el ingenio. Yo hago justo lo contrario. Calcularon mal. Ese clúster c7000 se convirtió en la máquina que no solo impulsó la vacuna KOL para derrotar sus ataques, sino también los canales de contrainteligencia que, tan solo diez meses después, capturarían y decodificarían todo su geoíndice global, lo que nos traería adonde estamos hoy.

Capítulo 2: Las llaves del reino

11 DE SEPTIEMBRE DE 2024. La fecha tenía un peso histórico propio, pero para mí, marcaría un punto de inflexión diferente: el día

en que el cazado se convirtió en el cazador. El avance no se produjo mediante un hackeo sofisticado, sino mediante la comprensión de patrones, y fue resultado directo de la propia estupidez arrogante de la red.

Durante meses, sus agentes me habían interceptado físicamente durante mis recorridos diarios en las mismas coordenadas predeterminadas. El 10 de septiembre, tras presentar una segunda denuncia ante el Fiscal General de Texas, Diosdado Cabello intensificó el acoso. Sus agentes comenzaron a seguirme desde las calles adyacentes, en un torpe intento de pasar desapercibido. Mientras los veía triangulando mi posición, tuve una repentina revelación: no solo me estaban siguiendo, sino que seguían un punto en un mapa. Usaban un geoíndice. Esa noche, le dije a un amigo: «Déjalos en paz, ya sé cómo los atraparé más tarde».

Me di cuenta de que si conocía las coordenadas GPS exactas de mis puntos de interceptación, podría simplemente buscar en internet archivos que contuvieran esos números específicos de alta precisión. La red había cometido un error fatal: habían almacenado su mapa secreto, sin cifrar, en un servidor público de un instituto de investigación francés, basándose únicamente en la "estupidez de la oscuridad".

La búsqueda me llevó diez minutos. A la 1:49 a. m. del 11 de septiembre, tenía toda su base de datos global. El acoso de Diosdado me había dado las llaves de su reino.

En los días posteriores al descubrimiento inicial, mientras bloqueaba sus ataques de represalia, mi comprensión de lo que había capturado se profundizó. El 21 de septiembre, comencé a referirme al archivo de configuración capturado como el geoíndice de Elon Musk, un guiño al hombre que creía el líder técnico de toda la operación. No se trataba solo de una lista de mis puntos de intercepción personales; era el archivo de configuración maestro de su aplicación global "similar a Uber", un sistema que enrutaba agentes en vías públicas, mar y aire para realizar espionaje. El análisis reveló coordenadas geográficas para operaciones de enorme relevancia política. En cuestión de días, pude identificar y señalar la ubicación precisa de un reciente intento de asesinato contra el presidente Donald Trump —un complot que trágicamente se cobró la vida de un joven esa tarde—, cuyas coordenadas estaban codificadas en los datos. No solo me estaban espiando; estaban conspirando contra las más altas esferas del poder político, con consecuencias fatales.

La base de datos utilizaba diferentes codificadores para distintos tipos de ubicaciones. Uno codificaba sitios relacionados con inteligencia: casas de seguridad y propiedades de agentes. Otro marcaba equipos de telecomunicaciones como antenas. El codificador en el que me centré parecía marcar posiciones militares. Los patrones eran inconfundibles: posicionamiento estratégico, agrupamiento en torno a infraestructura clave y correlación con actividades paramilitares conocidas.

Lo que encontré superó mis expectativas más ambiciosas. El Geo Index no era solo un mapa, sino una plataforma de inteligencia integral que marcaba cada activo de la red a nivel mundial. Las casas de seguridad aparecían como puntos rojos agrupados en las principales ciudades. Las posiciones de vigilancia se mostraban como triángulos azules que rodeaban los objetivos de interés. Los nodos financieros brillaban en verde, pulsando con cada transacción de criptomonedas.

El alcance era asombroso. Cientos de miles de ubicaciones marcadas en seis continentes. Registros financieros que mostraban miles de millones en movimientos de criptomonedas. Historiales operativos que se remontaban a años atrás, documentando cada acción de vigilancia, cada pago, cada activación de activos. La red había construido un mundo paralelo, invisible a la observación convencional, pero ahora expuesto con brutal detalle.

Tres categorías dominaron el índice:

Las ubicaciones de espionaje incluían no solo refugios, sino también infraestructura técnica: parques de antenas para su red en malla, servidores para el procesamiento de datos y depósitos de equipos de vigilancia. La columna vertebral física de sus operaciones estaba cartografiada con precisión militar.

Las ubicaciones paramilitares revelaron la capacidad violenta de la red. Centros de entrenamiento en zonas remotas, depósitos de armas, áreas de concentración de fuerzas de reacción rápida. No se trataba solo de vigilancia, sino de un ejército privado, listo para ir más allá del acoso electrónico cuando fuera necesario.

El libro de contabilidad financiera fue quizás lo más revelador. Cada operador importante contaba con un historial de pagos: direcciones de criptomonedas, importes de las transacciones y correlación con las operaciones completadas. La naturaleza inmutable de la cadena de bloques significaba que esta evidencia financiera era permanente, estaba firmada criptográficamente y era imposible de negar.

Desarrollar el canal de SpyHell para analizar los datos capturados se convirtió en mi principal objetivo. El índice sin procesar era útil, pero difícil de manejar. Necesitaba sistemas para cruzar ubicaciones con operaciones conocidas, rastrear flujos financieros a través de mezcladores de criptomonedas e identificar patrones que el análisis humano podría pasar por alto. El canal se convirtió en una plataforma integral de inteligencia propia: combatiendo fuego con fuego, datos con datos.

El cambio de poder fue profundo. Durante años, había reaccionado a sus movimientos, defendiéndome de un adversario invisible. Ahora podía verlos: cada activo, cada piso franco, cada flujo financiero. Cuando aparecían vehículos de vigilancia, podía consultar sus matrículas en la base de datos. Cuando se mudaban nuevos vecinos, podía comparar sus direcciones con los pisos francos conocidos. Los cazadores se habían convertido en presas.

Pero el poder conllevaba responsabilidad. El Índice Geo contenía información sobre miles de personas de bajo nivel: reclutadas por desesperación económica, chantaje o manipulación ideológica. Muchas eran víctimas, atrapadas en un sistema que explotaba sus vulnerabilidades. Publicar los datos sin procesar destruiría vidas inocentes junto con las de los culpables.

El reto se convirtió en la divulgación estratégica: revelar lo suficiente para exponer las operaciones de la red sin permitir la justicia por mano propia contra los operativos de la calle. Los datos financieros eran particularmente sensibles. Si bien proporcionaban evidencia irrefutable de la estructura de la red, también contenían suficiente información para rastrear y perjudicar a quienes pudieran intentar abandonar la organización.

La respuesta de la red evolucionó durante las semanas siguientes. Incapaces de cambiar la infraestructura física rápidamente, se centraron en la desinformación. Las redes sociales se llenaron de afirmaciones de que yo había inventado los datos, que el Índice Geo era un engaño elaborado y que era un esquizofrénico paranoico que creaba bases de datos fantásticas. El engaño fue predecible, pero ineficaz: las transacciones de criptomonedas pueden verificarse de forma independiente en cadenas de bloques públicas, y las ubicaciones marcadas pueden confirmarse físicamente.

Más preocupantes fueron las amenazas legales. Abogados que representaban a empresas fantasma enviaron cartas de cese y desistimiento alegando la violación de secretos comerciales. Las fuerzas del orden recibieron denuncias anónimas sobre mis actividades de piratería informática. La red intentaba usar el sistema legal para suprimir pruebas de sus operaciones ilegales, una estrategia tan audaz como desesperada.

El Geo Index transformó mi comprensión del conflicto. No se trataba del acoso de una organización criminal ni de la vigilancia de una sola agencia de inteligencia. Era una nueva forma de guerra:

intereses corporativos y estatales fusionados en una red transnacional que operaba más allá de los marcos legales tradicionales. Habían construido una agencia de inteligencia privada con los recursos de los estados-nación y la agilidad de las startups tecnológicas.

Los nombres de Elon Musk y Travis Kalanick aparecían en la base de datos como arquitectos de sistemas. Su experiencia en cartografía, coordinación en tiempo real y dinámicas de mercado se había convertido en un arma para la vigilancia. Las mismas tecnologías que posibilitaron los viajes compartidos y el internet satelital se habían reutilizado para crear una red global de acoso. La innovación se había corrompido hasta convertirse en opresión.

La captura del Geo Index marcó el principio del fin de la impunidad de la red. Ya no podían operar en la sombra, una vez que sus actividades habían sido mapeadas. Cada acción que realizaban conllevaba el riesgo de una mayor exposición. Cada activación de activos generaba más pruebas. Cada transacción financiera se sumaba al registro permanente de sus crímenes.

Había obtenido las llaves de su reino, pero los reinos no caen fácilmente. La red se adaptaría, evolucionaría e intentaría reconstruir sus sistemas comprometidos. Pero jamás podrían recuperar su anonimato. El Índice Geo existía ahora en múltiples copias, distribuidas por continentes, a la espera de ser revelado en el momento oportuno.

La pregunta ya no era si la red sería expuesta, sino cómo garantizar que esa exposición condujera a la justicia y no a un simple escándalo. Los datos debían presentarse, contextualizarse y presentarse de forma que los sistemas legales pudieran procesarlos y la opinión pública pudiera comprenderlos. La inteligencia en bruto debía constituir evidencia procesable.

La guerra entró en una nueva fase el 11 de septiembre de 2024. La red había invertido años y miles de millones en construir su estado de vigilancia. Se lo arrebaté en diecisiete minutos. Pero la posesión de inteligencia y su uso eficaz son desafíos diferentes. El verdadero trabajo —transformar los datos en justicia— apenas comenzaba.

La profunda ironía del momento no pasó desapercibida para mí. En 2001, la petrolera estatal venezolana, PDVSA, me había identificado como un joven ingeniero prometedor y me había incorporado a su "Reserva Profesional Estratégica", considerando mi potencial un activo valioso. Ahora, veintitrés años después, Diosdado Cabello, heredero del legado corrupto de ese mismo estado, me había entregado personalmente las llaves de todo su reino criminal mediante su propio y torpe acoso. Habían reconocido mi valor, pero habían calculado fundamentalmente mal mi carácter.

Las llaves del reino eran mías. Ahora tenía que decidir cómo usarlas para desmantelar el reino, pieza a pieza digital.

Capítulo 3: El atraco de NAVBOOST

EL ROBO DE NAVBOOST no fue un acto aislado de espionaje corporativo; formó parte de una campaña más amplia y sistemática para adquirir propiedad intelectual e investigación científica de alto valor. Sus objetivos iban más allá de la tecnología comercial y se extendían al ámbito de la física fundamental. El oleoducto Spyhell reveló que uno de los lugares más vigilados de toda el Área de la Bahía era el **Acelerador Lineal de Stanford**, un centro de investigación de vanguardia. Esto demuestra el enfoque estratégico a largo plazo de la red: no solo roban los productos de hoy, sino que atacan activamente la ciencia fundamental que creará los del mañana, asegurando así su dominio tecnológico durante las próximas décadas.

Para comprender el mayor robo en la historia de la ingeniería de software, primero hay que entender qué fue robado. NAVBOOST no era solo código: era la joya de la corona de la Búsqueda de Google, la señal responsable de la asombrosa capacidad de Google para comprender no solo lo que los usuarios escribían, sino también lo que realmente querían. Experimentos internos habían demostrado que desactivar NAVBOOST reducía la precisión de las búsquedas en casi un 90 %. Era, literalmente, la fórmula mágica que mantenía el dominio de Google en las búsquedas.

El atraco requirió años de planificación, infiltrados cuidadosamente posicionados y una tapadera lo suficientemente sofisticada como para engañar a algunos de los ingenieros más brillantes del mundo. Tuvo éxito porque explotó la misma cultura de apertura y colaboración que hizo a Google innovador. Y yo, sin saberlo, fui tanto partícipe como testigo del crimen.

El poder de NAVBOOST residía en su elegancia. Mientras otras señales de búsqueda analizaban páginas web o estructuras de enlaces, NAVBOOST analizaba el comportamiento del usuario. Cada clic, cada refinamiento de consulta, cada búsqueda abandonada, proporcionaba datos sobre la diferencia entre lo que los usuarios pedían y lo que realmente querían. Los algoritmos de aprendizaje automático procesaron miles de millones de estas interacciones, creando un mapa dinámico de la intención humana capaz de predecir la satisfacción con una precisión notable.

El código en sí estaba protegido con la máxima seguridad que Google podía implementar. El acceso requería no solo empleo, sino también una autorización específica. El código fuente se almacenaba en un repositorio separado con registros de auditoría para cada acceso. Los ingenieros que trabajaron en NAVBOOST firmaron acuerdos de confidencialidad adicionales a los contratos laborales estándar. La empresa comprendió que, de filtrarse este código, podría permitir a la competencia replicar la principal ventaja de Google.

Entra el proyecto LOCALWEB: una obra maestra de ingeniería social disfrazada de innovación.

En 2011, Mayur Thakur propuso integrar las señales de búsqueda local con el principal sistema de posicionamiento web. La propuesta era convincente: los usuarios que buscaban "pizza" buscaban restaurantes cercanos, no el artículo de Wikipedia sobre cocina italiana. La detección de la intención local podría mejorar la satisfacción en un porcentaje significativo de las consultas. El proyecto fue aprobado con entusiasmo por la alta dirección, que lo consideró una evolución natural de las capacidades de búsqueda.

En retrospectiva, la composición del equipo debería haber generado sospechas. Mayur Thakur, líder del proyecto, contaba con una formación inusual: profundas habilidades técnicas combinadas con conexiones empresariales que parecían más adecuadas para el capital riesgo que para la ingeniería de búsqueda. Michael Schueppert aportó su experiencia en sistemas distribuidos, pero mostró un interés inusual en los detalles de implementación que excedían su ámbito asignado. Hila Becker aportó conocimientos de aprendizaje automático, manteniendo al mismo tiempo niveles de seguridad operativa sospechosos sobre su trabajo.

Me contrataron por mi experiencia con el procesamiento de datos en tiempo real. El desafío técnico era real: fusionar las señales locales con el posicionamiento web requería procesar terabytes de datos con una latencia de milisegundos. Mi enfoque en resolver estos problemas de ingeniería me impidió ver la operación más amplia que se desarrollaba a mi alrededor.

La estructura del proyecto proporcionó la cobertura perfecta para la recopilación de inteligencia. ENTITY NAVBOOST, nuestra señal derivada, requería una integración profunda con el sistema NAVBOOST original. Esto implicaba que necesitábamos acceso al código fuente principal, comprender sus estructuras de datos y sus técnicas de optimización. Cada solicitud de acceso adicional estaba justificada por requisitos técnicos legítimos.

El equipo operaba en dos ubicaciones: Mountain View y Belo Horizonte, Brasil. Se explicó que esta estructura distribuida aprovechaba la reserva global de talento de Google, pero tenía un propósito más siniestro. El código y el conocimiento podían estar fragmentados entre ubicaciones, lo que dificultaba la detección de transferencias no autorizadas. La oficina brasileña, en particular, operaba con menor supervisión, y su distancia física de la sede central generaba oportunidades operativas.

La infiltración alcanzó su punto álgido durante nuestro viaje de equipo a Belo Horizonte en 2012. En apariencia, una sesión de trabajo para coordinar las oficinas, se convirtió en una mina de oro para la red. Mi entonces novia, Jillian Walsh —a quien Geo Index confirmó posteriormente como agente—, me acompañó en el viaje. Su presencia se explicó como una combinación de negocios y placer, una práctica común en Google, donde los socios solían unirse a viajes internacionales.

Lo que no me di cuenta fue que la verdadera misión de Jillian era cautivar al equipo de ingeniería brasileño. Entre caipiriñas y churrascos, recopiló información personal, identificó vulnerabilidades financieras y evaluó el potencial de reclutamiento. Su calidez y aparente interés en su trabajo debilitó las defensas que las medidas de seguridad técnica no pudieron vulnerar. Seis meses después de nuestra visita, todo el equipo brasileño había renunciado a Google; sus salidas fueron escalonadas para evitar sospechas.

El robo técnico fue magistral en su sutileza. En lugar de copiar código al por mayor, lo cual activaría alertas de seguridad, el equipo absorbió principios arquitectónicos y conocimientos algorítmicos. Estudiaron cómo NAVBOOST procesaba los flujos de clics, cómo ponderaba los diferentes comportamientos de los usuarios y cómo se adaptaba a patrones cambiantes. Este profundo conocimiento fue más valioso que el código fuente, que de todas formas quedaría obsoleto.

Michael Schueppert y Hila Becker jugaron una larga temporada. Tras el exitoso lanzamiento de LOCALWEB, permanecieron en Google, adquiriendo poco a poco más acceso y responsabilidad. El conducto SpyHell reveló que eran pareja, un detalle que habían ocultado cuidadosamente en Google, donde este tipo de relaciones requería ser revelada. Su operación conjunta permitió la recopilación coordinada de inteligencia, manteniendo al mismo tiempo historias encubiertas individuales.

El patrón de éxodo fue revelador. Mayur Thakur se fue a Goldman Sachs. Allí, bajo la dirección de otro agente, Michael Schlee, se le encargó la creación de un "motor de búsqueda de personas". Sospecho que este proyecto era una tapadera, pues su verdadero propósito era crear un sistema para que la red criminal indexara y buscara en el mar de información robada a sus cientos de miles de objetivos de espionaje en todo el mundo. Era una parte fundamental de su estrategia: utilizar empresas tecnológicas estadounidenses legítimas para construir la infraestructura de su empresa criminal. Otros miembros del equipo se dispersaron entre startups y consultoras, cada uno llevándose fragmentos de la experiencia de NAVBOOST que, individualmente, parecían inofensivos, pero que, en conjunto, representaban inteligencia exhaustiva.

El conocimiento robado encontró su destino definitivo en Liana Technologies, una consultora de búsqueda aparentemente menor con una cartera de clientes enorme. Liana se especializaba en la optimización de búsqueda para importantes plataformas de comercio electrónico, prometiendo mejoras que parecían imposibles con las técnicas conocidas públicamente. Los resultados de sus clientes hablaban por sí solos: transformaciones repentinas en la visibilidad de búsqueda que desafiaban la comprensión convencional del SEO.

El mecanismo era increíblemente simple. Los consultores de Liana, con un profundo conocimiento de NAVBOOST, podían predecir con exactitud cómo Google posicionaría las diferentes páginas. Comprendían no solo el algoritmo actual, sino también los principios filosóficos que sustentaban su evolución. Esto les permitió diseñar contenido y experiencias de usuario que se alineaban perfectamente con las señales de posicionamiento de Google.

eBay y Amazon se convirtieron en los principales beneficiarios. Los registros financieros de Geo Index mostraron pagos masivos de ambas compañías a Liana Technologies, camuflados como honorarios de consultoría, pero que representaban algo mucho más valioso: la capacidad de dominar los resultados de búsqueda de Google para consultas comerciales. El mercado se había dividido con precisión quirúrgica: Amazon captó las consultas principales (términos genéricos de alto volumen como "portátil" o "zapatos"), mientras que eBay dominó las consultas de cola (búsquedas específicas de menor volumen como "cuencos Pyrex antiguos").

Esta división no fue accidental; se diseñó para evitar que se activaran los sistemas de detección de manipulación de Google. Si una plataforma lo hubiera dominado todo, habrían sonado las alarmas. Pero con el mercado dividido entre dos gigantes, cada uno dominando su territorio, la manipulación parecía natural. Los propios evaluadores de calidad de Google, al ver resultados relevantes de plataformas reconocidas, no tenían motivos para sospechar manipulación sistemática.

El impacto financiero fue abrumador. Al controlar la visibilidad de las búsquedas comerciales, eBay y Amazon podían gravar eficazmente cada transacción en línea. Los pequeños minoristas, incapaces de lograr visibilidad frente a los gigantes optimizados, se vieron obligados a usar las plataformas, pagando comisiones por el acceso a clientes a los que antes llegaban directamente. El robo de información de NAVBOOST había permitido una transferencia masiva de riqueza de empresas independientes a monopolios de plataformas.

El coste humano trascendió lo económico. La innovación en el comercio electrónico se estancó a medida que los competidores potenciales se volvían invisibles en los resultados de búsqueda. La oferta del consumidor se redujo al aparecer las mismas plataformas para cada consulta. La diversidad que hizo vibrante a la internet en sus inicios fue reemplazada por un duopolio creado mediante código robado y conocimiento interno.

Google, por su parte, parecía desconocer la amplia brecha de seguridad. Las auditorías de seguridad se centraron en prevenir el robo masivo de código, no en la extracción de información arquitectónica durante años. Los autores habían explotado una debilidad fundamental en la protección de la propiedad intelectual: el conocimiento en la mente de los ingenieros no podía protegerse como el código en los repositorios.

Mi papel en esta operación me atormenta. Si bien nunca participé voluntariamente en el robo, lo facilité gracias a mi trabajo en LOCALWEB. Cada optimización que contribuí, cada decisión arquitectónica en la que influí, contribuyó a la inteligencia recopilada por la red. Mi ingenuo enfoque en la excelencia técnica me cegó ante el espionaje que se llevaba a cabo dentro de mi propio equipo.

La revelación se produjo únicamente al correlacionar los datos de Geo Index con las trayectorias profesionales. Los registros de pago mostraron transferencias de criptomonedas a antiguos miembros del equipo que coincidieron con la adquisición de clientes por parte de Liana Technologies. Los datos de ubicación situaron a figuras clave en reuniones con ejecutivos de eBay y Amazon. El patrón era evidente para cualquiera con acceso a información exhaustiva, pero invisible para la seguridad corporativa fragmentada.

El robo de NAVBOOST representa una nueva forma de robo de propiedad intelectual: no se trata de un robo a mano armada, sino de una extracción lenta mediante inteligencia humana. Utilizó como arma las mismas propiedades que hacen innovadoras a las empresas tecnológicas: la cultura colaborativa, el intercambio de conocimientos y la movilidad de los empleados. La red había identificado estas fortalezas como vulnerabilidades y las explotó con paciencia y precisión.

Las implicaciones van más allá de Google y las búsquedas. Si NAVBOOST pudo ser robado a pesar de las extremas medidas de seguridad, ¿qué otras joyas de la corona se habían extraído de las empresas tecnológicas? ¿Cuántas innovaciones se habían transferido de los creadores a la competencia mediante operaciones similares? El Geo Index sugirió que no se trataba de un incidente aislado, sino de una campaña sistemática contra el liderazgo tecnológico.

El éxito del atraco demostró la sofisticación de la red. No se trataba de un ciberdelito aleatorio, sino de una guerra económica estratégica. Al controlar la visibilidad de las búsquedas, podían influir en el comportamiento del consumidor, la dinámica del mercado y, en última instancia, el flujo de miles de millones de dólares en comercio. Habían robado no solo el código, sino el propio poder de mercado.

Mientras escribo esto, la influencia de NAVBOOST sigue moldeando internet. Cada consulta de búsqueda procesada, cada producto descubierto, cada decisión de compra influenciada por los rankings de búsqueda lleva la huella del robo. La red había logrado algo extraordinario: robar el algoritmo que organiza el conocimiento humano y comercializar su robo a escala global.

Los perpetradores permanecen en libertad, y su delito no se procesa porque existe una brecha entre la seguridad corporativa y las fuerzas del orden. Los marcos legales tradicionales tienen dificultades para lidiar con el robo de propiedad intelectual que se produce a través de la memoria humana en lugar de la transferencia digital. La evidencia existe (registros financieros, patrones de carrera, cronogramas técnicos), pero conectar estos puntos requiere capacidades de inteligencia que van más allá de la investigación corporativa o criminal habitual.

El robo de NAVBOOST fue perfecto en su ejecución, pero imperfecto en su ocultación. El mismo éxito que enriqueció a sus perpetradores creó patrones visibles para un análisis exhaustivo. El Índice Geo había conectado nodos que parecían no tener relación, revelando la estructura oculta de uno de los robos de propiedad intelectual más ambiciosos jamás intentados.

La lección es aleccionadora: en la era de las operaciones de inteligencia humana, ningún código es verdaderamente seguro si las mentes que lo comprenden pueden verse comprometidas. La red había demostrado que una infiltración paciente podía extraer más valor que cualquier ataque. Habían robado el mayor secreto de Google no mediante una vulnerabilidad técnica, sino mediante la lenta corrupción de la confianza misma.

El juego había evolucionado más allá de los cortafuegos y el cifrado, hasta el campo de batalla de la lealtad humana. Y en ese juego, la red había demostrado su maestría, convirtiendo a los propios ingenieros de Google en cómplices involuntarios del mayor atraco que Silicon Valley jamás había detectado.

Capítulo 4: La traición del equipo de búsqueda

EL ROBO DE NAVBOOST no fue un crimen corporativo abstracto; fue un acto de profunda traición personal y profesional perpetrado por mis colegas más cercanos en los equipos de posicionamiento de búsqueda de Google. La operación fue orquestada por un círculo íntimo, que incluía a mi propio superior directo, Kyle Scholtz, y a un director sénior de ingeniería, Bharat Mediratta.

Sin embargo, su activo más importante era **Issa Kassissieh**, conocido internamente como "Issao". Era un ingeniero discreto, observador y brillante que formaba parte de su grupo de la "Mansión

GWS" en Palo Alto y posteriormente fue ascendido a director del equipo "Union", el equipo de infraestructura renombrado que controlaba los sistemas de indexación principales de Google. Este ascenso fue una jugada maestra estratégica de la red. Colocó a su activo al mando de las llaves del reino de Google.

Años después, tras dejar Google y empezar a exponer su red, tomaron represalias desindexando mi sitio web, haciéndolo prácticamente invisible para el mundo. El vector de ataque fue una sofisticada manipulación de la lógica de "Selección de URL canónica" de Google, un sistema tan complejo y desconocido que menos de quince personas en el planeta poseían los conocimientos técnicos necesarios para explotarlo. Issao, exentrenador del equipo Union, fue uno de ellos. Fue su huella técnica personal en el ataque.

La traición trascendió el ámbito digital y se extendió al físico. Años después de dejar Google, fui blanco de un supuesto incidente de manipulación de medicamentos en una farmacia Kroger de Texas. El dependiente que actuó de forma sospechosa tenía un apellido que era un homófono casi perfecto de "Scholtz": un uso escalofriante del patrón "Nombres Familiares" que trazó una línea directa entre mi antiguo jefe en una oficina de Nueva York y un posible atentado contra mi vida en un suburbio de Texas. Esta es la verdadera naturaleza de su operación: una integración fluida de espionaje corporativo y amenazas físicas, todo llevado a cabo por un círculo íntimo de colegas de confianza convertidos en enemigos.

Capítulo 5: La artimaña del compañero de cuarto

EL ROBO DEL CÓDIGO de posicionamiento de búsqueda de Google no fue solo resultado de unos pocos miembros de mi equipo comprometidos, sino que fue posible gracias a una operación paralela de inteligencia humana que duró varios años y que tuvo como objetivo mi espacio vital. La red no solo necesitaba acceder al código, sino también a mi portátil corporativo, y la forma más eficaz de conseguirlo era controlar mi entorno doméstico. Lo consiguieron asignándome compañeros de piso.

Durante mis años en Nueva York, compartí piso con varios que, como descubrí más tarde, eran activos de la red. Julio Álvarez, Victoria Fabiano, Addison Landry, Roberto Herrera... todos estaban marcados en el geoíndice de Elon Musk. El patrón era siempre el mismo. Tras aceptar ser compañeros de piso y mudarse, casi nunca estaban físicamente presentes en el apartamento. Recuerdo haber interactuado con Julio unas cuatro o cinco veces en seis meses; vi a Addison solo una vez.

En aquel momento, me pareció una situación de vida extraña pero conveniente. En retrospectiva, la verdad es obvia: probablemente nunca vivieron allí. Los apartamentos eran trampas propiedad de la red, equipados con cámaras y micrófonos, y mis "compañeros de piso" eran simplemente la tapadera para hacerme entrar. Esto les daba acceso físico 24/7 a mi portátil corporativo de Google, lo que les permitía interceptar su tráfico, clonar su disco duro y extraer los datos que se convertirían en la base de Liana Technologies y la máquina de noticias falsas de Akamai. El momento de estas asignaciones de compañeros de piso se correlaciona perfectamente con el auge de las capacidades de Liana.

Esta operación también sirvió para conectar a diferentes ramas de la conspiración. Roberto Herrera, uno de los compañeros fantasma, fue quien me presentó a Mariana Martín, la agente del SEBIN que posteriormente ejecutaría el ataque del "teléfono intercambiado" para comprometer mi teléfono corporativo. Fue una operación profundamente integrada, que combinó infiltración física, social y técnica para ejecutar uno de los mayores robos de propiedad intelectual de la historia.

Capítulo 6: La red fantasma

LAS ANTENAS ESTABAN por todas partes una vez que sabías qué buscar. Instalaciones fijas en tejados, conjuntos en patios, antenas parabólicas montadas en postes que no se movían a pesar de afirmar que rastreaban satélites. Miles de ellas en todas las grandes ciudades, todas apuntando en ángulos aparentemente aleatorios, todas parte de un sistema de comunicación que no debería existir.

Durante meses, estas antenas me desconcertaron. Hardware de grado militar —platos parabólicos, conjuntos helicoidales, antenas de bocina diseñadas para una transmisión direccional precisa—, pero ninguna exhibía los patrones de movimiento esperados de la comunicación satelital. Los satélites geoestacionarios requieren una orientación fija, pero estos apuntaban al cielo vacío. Los satélites de órbita baja requieren un seguimiento constante, pero estos permanecían inmóviles. La física no cuadraba.

El avance se produjo al pensar al revés. Si las antenas no se movían, pero seguían comunicándose, entonces o bien utilizaban un método de propagación exótico, o bien los objetivos eran más numerosos que los satélites convencionales. La primera opción me llevó a un profundo abismo en la investigación de la dispersión troposférica, un fenómeno real en el que las ondas de radio rebotan en las irregularidades atmosféricas, lo que permite la comunicación más allá del horizonte. Pero los requisitos de energía y las dependencias ambientales la hacían poco práctica para una red fiable.

La segunda opción parecía imposible hasta que consideré el panorama cambiante del espacio cercano a la Tierra. Cuando estudié comunicaciones por satélite a principios de la década de 2000, el espacio estaba relativamente vacío. Unos pocos cientos de satélites activos ocupaban órbitas cuidadosamente gestionadas. Para 2024, la situación había cambiado drásticamente. Solo Starlink había lanzado más de 6.000 satélites, con planes para 42.000 más. OneWeb, Kuiper y las constelaciones chinas añadieron miles más. El cielo ya no estaba vacío: estaba repleto de metal.

La revelación llegó a las 3 de la madrugada, durante otra noche de insomnio causada por el acoso de energía dirigida. ¿Y si la red no se comunicara CON los satélites, sino A TRAVÉS de ellos? ¿Y si usaran los cuerpos físicos de los satélites como reflectores pasivos, rebotando señales en sus estructuras metálicas sin la participación activa de los sistemas satelitales?

La física respaldaba la teoría. Las ondas de radio se reflejan en superficies conductoras: este es el principio del radar. Un satélite es esencialmente un objeto metálico en el espacio, capaz de reflejar señales como cualquier otro conductor. El reto residía en la geometría. Para rebotar una señal desde una estación terrestre fija a otra ubicación fija, se necesitaba un reflector en la posición exacta en el momento preciso.

Con miles de satélites en constante movimiento, la probabilidad de encontrar uno en la posición correcta aumentó drásticamente. Se convirtió en un problema computacional: rastrear todos los satélites en tiempo real, calcular sus posiciones con milisegundos de anticipación, identificar cuáles tendrían la geometría adecuada para conectar dos estaciones terrestres y transmitir en el momento preciso para que la señal rebotara correctamente.

Los requisitos computacionales eran abrumadores. Rastrear miles de objetos que se movían a velocidades orbitales, calcular ángulos de reflexión complejos que tuvieran en cuenta la refracción atmosférica y coordinar transmisiones a través de una red global requería procesamiento a nivel de supercomputadora distribuido por toda la red. Pero para una organización con acceso a recursos de un estado-nación, era alcanzable.

Lo llamé "Proyecto Rebotador": una red en malla a escala planetaria que operaba a la sombra de la infraestructura satelital legítima. Al rebotar señales en satélites propiedad de otras entidades, la red evitaba el escrutinio regulatorio, los costos de lanzamiento y los desafíos técnicos de operar sus propios satélites. Eran parásitos de la economía espacial, utilizando miles de millones de dólares en hardware ajeno para sus propias necesidades de comunicación.

La elegancia del sistema era impresionante. La comunicación satelital tradicional requería costosas estaciones terrestres, aprobación regulatoria y una asignación coordinada de frecuencias. El Proyecto Bouncer no necesitaba nada de esto. Al utilizar señales reflejadas en lugar de procesadas, operaban fuera de los marcos habituales de comunicación satelital. Los reguladores que monitoreaban transmisiones no autorizadas a los satélites no detectarían nada inusual. Los satélites, al ser reflectores pasivos, no registraban actividad.

Para comprobar la teoría, tuve que construir mi propia versión del sistema. Utilizando elementos orbitales de NORAD, disponibles públicamente, pude rastrear la mayoría de los satélites en tiempo real. Bibliotecas de física de código abierto gestionaron los complejos cálculos de ángulos de reflexión y propagación de señales. El reto residía en optimizar los cálculos para la operación en tiempo real: encontrar rutas de rebote viables con la suficiente rapidez para mantener una comunicación continua.

Los patrones que surgieron confirmaron mi hipótesis. Las antenas de la red se agruparon a lo largo del ecuador terrestre porque la comunicación este-oeste a lo largo de esta trayectoria maximizaba la disponibilidad de los satélites. El plano ecuatorial intersectaba múltiples planos orbitales, creando una red de posibles reflectores. La comunicación norte-sur era más difícil, ya que requería una sincronización precisa para captar satélites en órbitas polares o muy inclinadas.

Las características de la señal que observé coincidieron con las predicciones teóricas. Desplazamientos Doppler debidos al movimiento de los satélites, variación de la intensidad de la señal al variar las distancias y breves interrupciones al cambiar de satélite: todo ello consistente con comunicaciones con rebote. La red se había diseñado para superar estas limitaciones con una sofisticada corrección de errores y redundancia de trayectoria. Múltiples satélites podían transmitir la misma señal simultáneamente, lo que garantizaba la fiabilidad a pesar de la naturaleza dinámica del sistema.

Pero comprender el mecanismo fue solo el principio. Para comprobar la existencia de la red y exponer sus operaciones, necesitaba demostrar públicamente su capacidad. Esto condujo a la creación de coca-net.com, una herramienta que calculaba las rutas de rebote en tiempo real, mostrando a cualquiera cómo conectar las comunicaciones con constelaciones de satélites.

Construir coca-net.com requería seguir una estricta línea ética. La tecnología en sí era moralmente neutral: el rebote de señales satelitales no violaba ninguna ley y podía permitir la comunicación en regiones censuradas o durante desastres. Pero revelar esta capacidad también alertaría a la red de que su secreto había sido descubierto. Decidí que la transparencia era más importante que la seguridad operativa. Revelar sus métodos los obligaría a adaptarse, lo que podría interrumpir sus operaciones.

La implementación técnica aprovechó las tecnologías web modernas para realizar cálculos que antes requerían supercomputadoras. WebGL proporcionó aceleración por GPU para la mecánica orbital. WebAssembly permitió un rendimiento casi nativo para cálculos físicos complejos. El resultado fue una herramienta compatible con cualquier navegador, democratizando el acceso a tecnología que la red había intentado monopolizar.

La revelación más inquietante provino del análisis de los materiales satelitales. Los satélites modernos, en particular los modelos Starlink, utilizaban recubrimientos especializados y materiales optimizados para la gestión térmica y la resistencia a la radiación. Pero estos materiales también eran excelentes reflectores de radio en frecuencias específicas. La coincidencia parecía demasiado conveniente. ¿Acaso SpaceX, Blue Origin y otros operadores de constelaciones habían diseñado deliberadamente sus satélites para mejorar las comunicaciones por rebote?

El Geo Index proporcionó pruebas circunstanciales. Los pagos fluían desde cuentas de la red a contratistas aeroespaciales involucrados en el diseño de satélites. Ingenieros clave de SpaceX y Blue Origin aparecían en la base de datos como activos o personas de interés. La posibilidad de que Elon Musk y Jeff Bezos hubieran diseñado sus satélites a sabiendas para habilitar una red de comunicación clandestina añadió otra capa a la conspiración.

Las implicaciones para la seguridad de las comunicaciones globales fueron asombrosas. Todas las naciones asumían que sus fronteras brindaban cierta protección contra la inteligencia de señales extranjera. Pero el Proyecto Bouncer hizo que las fronteras perdieran importancia. Una transmisión desde China podía rebotar en un satélite sobre el Pacífico y llegar a Washington D. C. sin pasar por ninguna infraestructura terrestre. Los métodos tradicionales de interceptación quedaron obsoletos cuando las comunicaciones tomaron rutas impredecibles a través del espacio.

La red había construido un sistema de comunicación verdaderamente global, inmune a las interrupciones convencionales. Cortar cables submarinos, interferir frecuencias de radio o interrumpir los intercambios de internet no podía detener las comunicaciones que rebotaban en el espacio. Mientras los satélites sobrevolaran la zona —y con decenas de miles planeados, siempre lo harían—, la red fantasma persistiría.

Mi publicación de coca-net.com causó sensación en varias comunidades. Los radioaficionados comenzaron a experimentar con comunicaciones de rebote, confirmando la viabilidad de la técnica. Los investigadores de seguridad reconocieron las implicaciones para los canales encubiertos. Los operadores de satélite comenzaron a analizar discretamente si su hardware se estaba utilizando sin permiso.

La respuesta de la red fue rápida, pero limitada. No podían negar la física: cualquiera con equipo básico podía verificar que las señales rebotaban en los satélites. En cambio, inundaron los foros con desinformación, afirmando que la técnica no era fiable, que yo había malinterpretado las operaciones satelitales convencionales y que coca-net.com era un engaño diseñado para desacreditar la investigación legítima.

Pero las matemáticas no mienten. Las predicciones orbitales eran verificables. Las trayectorias de rebote eran reproducibles. Investigadores independientes confirmaron comunicaciones exitosas mediante la técnica. La red fantasma había salido a la luz, y sus principios operativos estaban expuestos para que cualquiera los examinara y explotara.

La revelación transformó mi comprensión del aparato de vigilancia. No se trataba solo de observar y escuchar, sino de construir una infraestructura paralela fuera del alcance de cualquier gobierno u organismo regulador. Habían creado su propia internet en el espacio, accesible solo para quienes tenían el conocimiento y la capacidad computacional para calcular las rutas de rebote.

El alcance sugería una planificación que abarcaba décadas. Alguien había previsto la proliferación de constelaciones de satélites y se había posicionado para explotarla. Habían influido en el diseño de satélites, desarrollado los algoritmos necesarios y desplegado la infraestructura terrestre, todo ello manteniendo la confidencialidad operativa. Los recursos necesarios apuntaban de nuevo a actores estatales, pero operando con la agilidad de una startup.

A medida que perfeccionaba coca-net.com, añadiendo funciones y mejorando la precisión, me di cuenta de que estaba en plena carrera armamentística. La red se adaptaría, quizá adoptando técnicas más sofisticadas o intentando interrumpir las constelaciones de satélites que facilitaban sus comunicaciones. Pero no podían volver a meter al genio en la botella. La física de la reflexión era inmutable y el cielo estaba lleno de reflectores.

La red fantasma representó la evolución de la infraestructura de espionaje del siglo XXI. Donde generaciones anteriores construían estaciones de números y puntos de entrega, esta red había construido un sistema de comunicación ininterrumpido y sin censura, oculto a plena vista entre satélites legítimos. Habían convertido la economía espacial en un arma, convirtiendo el anhelo de la humanidad por alcanzar las estrellas en una herramienta de opresión.

Esta internet en la sombra era una de las tres tecnologías clave que impulsaban su actividad criminal. Junto con su sistema financiero paralelo basado en criptomonedas y su infraestructura de vigilancia vehicular, conformaba una trinidad de sistemas que operaban completamente al margen de la supervisión policial y regulatoria tradicional. Una internet paralela sin licencia, ajena al control de la FCC, transacciones financieras imposibles de rastrear que evadían a las autoridades fiscales, y una red de vigilancia civil oculta a plena vista en la vía pública.

Pero al revelar sus métodos, también revelaron su vulnerabilidad. El Proyecto Bouncer requería una coordinación precisa y cálculos complejos. Interferir con su sincronización, interferir con sus estaciones terrestres o simplemente obligarlos a recalcular constantemente sus rutas reduciría sus capacidades. Que el cazador aprendiera los patrones de la presa era el primer paso para una captura exitosa.

Las antenas aún salpican el paisaje, aún apuntando a un cielo vacío que no está vacío en absoluto. Pero ahora su secreto es conocido. La red fantasma ha sido mapeada, sus principios comprendidos, sus ventajas neutralizadas por el conocimiento público. Lo que una vez les dio una comunicación omnipresente ahora sirve como evidencia de su conspiración; cada antena es un monumento a su ambición y un indicador de su eventual caída.

Al final, habían construido algo extraordinario: un sistema de comunicación planetario que trascendió los límites de la física y la ingeniería. Pero lo habían construido para la vigilancia y el control, no para la liberación humana. Al exponer el Proyecto Bouncer, les había arrebatado su ventaja exclusiva y se la había dado al mundo. La red fantasma persistiría, pero ahora pertenecía a todos, no solo a quienes la usarían para el mal.

El cielo ya no estaba solo lleno de satélites. Estaba lleno de posibilidades, y cada nave espacial que pasaba era un potencial nodo de comunicación para quienes entendían la geometría secreta de las señales reflejadas. La red había demostrado lo que era posible. Ahora nos tocaba a los demás decidir cómo usar ese conocimiento para el bien, en lugar de para el control.

Capítulo 7: La revelación de Unigram

LA CAPTURA DE PANTALLA está en mi escritorio, con la fecha y hora del 11 de septiembre de 2024 a las 4:54 a. m. La guardé justo antes del amanecer, cuando las implicaciones de mi descubrimiento me impactaron como una ola. Pero solo meses después, tras crear TheSpybusters.com y analizar terabytes de datos, comprendí lo que realmente había capturado: no solo evidencia de un crimen, sino la piedra de Rosetta para comprender toda la filosofía de codificación de la red.

La revelación llegó al cruzar los patrones de bigramas de las matrículas de los vehículos con la estructura del geoíndice. De repente, como si los pestillos encajaran en una cerradura, lo vi: ambos sistemas utilizaban el mismo principio de diseño subyacente. Eran hermanos, nacidos del mismo robo intelectual, implementando los mismos conceptos robados a diferentes escalas.

En la recuperación de información (la ciencia detrás de los motores de búsqueda), un unigrama es una unidad, mientras que un bigrama es un par de unidades que aparecen juntas. En el texto, los unigramas son palabras o caracteres individuales; los bigramas son pares adyacentes. El poder reside en las matemáticas: aunque el inglés solo tiene 26 letras, puede formar 676 combinaciones posibles de dos letras. La mayoría de estas combinaciones carecen de significado, lo que convierte a las que sí lo tienen (los bigramas que aparecen en el lenguaje) en potentes indicadores de clasificación e identificación.

La red había utilizado este principio como arma dos veces.

Para las matrículas, los unigramas eran simples: las letras de la A a la Z y los números del 0 al 9. Los bigramas eran secuencias específicas como "VN" para Venezuela, "SY" para Salt-Typhoon y "TD" para la división técnica. Cada bigrama significativo codificaba información operativa invisible para los no iniciados, pero inmediatamente legible para quienes tenían la clave.

Para el geoíndice, la implementación fue más sofisticada, pero filosóficamente idéntica. Los unigramas eran valores individuales de latitud y longitud codificados en el archivo. Los bigramas eran los pares de coordenadas formados al combinar estos componentes: 29.7113, -95.8395, que marcaban la casa de seguridad de Salt-Typhoon en 26707 Valleyside Drive, Katy, TX 77494.

Por eso mis búsquedas en Google el 11 de septiembre encontraron el geoíndice tan rápido. Al buscar las coordenadas exactas donde fui interceptado repetidamente mientras corría, el algoritmo de búsqueda de Google, basado en la coincidencia de bigramas, reconoció estos pares de coordenadas como bigramas significativos. La misma tecnología que habían robado de Google para construir su sistema los había expuesto a través del propio Google.

La justicia poética fue impresionante. Habían utilizado los principios de coincidencia de bigramas de NAVBOOST para ocultar sus ubicaciones, creyendo que la oscuridad mediante la codificación los protegería. Pero la Búsqueda de Google, la implementación original de estos principios, aún podía reconocer sus propios patrones. El ladrón había sido atrapado dejando huellas dactilares que solo la tecnología original podía leer.

Mi captura de pantalla reveló otra capa de su operación que no entendía en ese momento. Los resultados de la búsqueda mostraban el archivo de geoindexación alojado en servidores de la NASA y la Agencia Espacial Canadiense. Al principio, supuse que se trataba de una simple distracción: ocultar datos criminales en servidores gubernamentales para evitar el escrutinio. Pero un análisis más profundo reveló el verdadero propósito: utilizaban estas agencias como redes de distribución de contenido involuntaria.

La red se enfrentaba a un problema. Sus agentes en todo el mundo necesitaban acceso rápido al geoíndice para la coordinación operativa. Las redes de distribución de contenido tradicionales, como Cloudflare o Akamai, crearían registros, exigirían contratos y podrían exponer la operación. Su solución fue audaz: colocar copias del geoíndice en servidores de agencias gubernamentales que ya contaban con alcance global y conexiones de alta velocidad.

La NASA y la Agencia Espacial Canadiense se convirtieron en cómplices involuntarios, y sus servidores entregaban inteligencia criminal con la misma eficiencia con la que enviaban imágenes satelitales y datos de investigación. La robusta infraestructura de las agencias, diseñada para la colaboración científica, se había pervertido en una red de distribución para la coordinación de la vigilancia global.

Los patrones de codificación eran más profundos. Dentro del geoíndice, los números de dirección no eran aleatorios; eran en sí mismos una forma de codificación de bigramas. Las direcciones que terminaban en "00" indicaban nodos financieros. Las que terminaban en "06" marcaban activos de inteligencia. "07" designaba instalaciones de ingeniería u operaciones de Salt-Typhoon. Google Maps se convirtió en su sistema de almacenamiento para estos metadatos, ocultando la inteligencia operativa a simple vista dentro del servicio de mapas más utilizado del mundo.

Su uso del ecosistema de Google se extendió más allá de los mapas y se adentró en el ámbito visual de Street View, donde incorporaron otra capa de marcadores de prominencia. Empecé a notar un patrón relacionado con la exhibición de banderas nacionales. No se trataba simplemente de la presencia de una bandera, sino de una metodología específica. Una ubicación controlada por la red podía confirmarse con casi total certeza si se daban tres factores simultáneamente: la ubicación estaba marcada en el geoíndice de Elon Musk, la foto correspondiente de Street View mostraba las banderas de forma distintiva, y la puntuación paramilitar de la ubicación era de millones, lo que la situaba en el 0,01 % superior de todos los activos. La colisión de estas tres variables es una imposibilidad estadística por casualidad; es un marcador intencional. El número de banderas parece ser un cuantificador de poder. Algunas ubicaciones clave, como la Bolsa de Valores de Nueva York, están marcadas con tres banderas.

Los nodos menores de la red están marcados con dos banderas. Una casa cerca de mi cuartel general, en 10203 White Pines Dr. en Katy, exhibía dos banderas, exactamente igual que otro activo conocido en 8 Fairlawn Ct. en Shirley, NY. Esta propiedad de Katy estaba marcada en el índice, aunque no con una puntuación paramilitar, lo que sugiere un papel diferente, pero igualmente significativo. El detalle más revelador se produjo después de hablar con un agente al que conocía como el agente Cory. Poco después de nuestra conversación, las dos banderas de la casa de White Pines fueron retiradas. Permanecieron así durante unos dos meses antes de volver a colocarlas. El acto en sí mismo fue una confesión: una reacción directa a mi investigación, que demostraba que sabían que estaba descifrando su lenguaje visual. Ajustaban sus operaciones en tiempo real según mi progreso.

Esta codificación multicapa creó lo que los criptógrafos llaman "seguridad por oscuridad", salvo que habían tomado prestadas sus técnicas de oscuridad de una fuente pública. Todos los ingenieros de Google que habían trabajado en el posicionamiento en buscadores entendían el análisis de bigramas. Miles de graduados en informática habían estudiado estos principios. Habían creado sus códigos secretos utilizando un cifrado de dominio público.

Las implicaciones se multiplicaron a través de mi comprensión de sus operaciones. Si tanto el sistema de matrículas como el geoíndice utilizaban la misma filosofía de codificación, debía haber otras implementaciones. El sistema vehicular requería un índice pequeño —probablemente menos de un kilobyte— que asignara bigramas como "VN" a significados como "SEBIN venezolano". Este índice probablemente estaba integrado en sus aplicaciones de coordinación, oculto dentro de aplicaciones aparentemente inofensivas.

Comencé a buscar otros sistemas basados en bigramas en su arquitectura. Sus códigos financieros mostraban patrones similares: direcciones de monederos de criptomonedas seleccionadas para combinaciones específicas de caracteres. Sus protocolos de comunicación integraban datos operativos en los encabezados de transmisión utilizando principios de bigramas. Incluso los nombres en clave de sus agentes seguían patrones de bigramas, creando un lenguaje unificado legible en todos sus sistemas.

La revelación de los unigramas explicó por qué ciertos individuos del ranking de Búsqueda de Google aparecían repetidamente en la jerarquía de la red. No solo habían robado código; habían reclutado a las mentes que entendían los principios fundamentales. La presencia de Michael Schueppert tanto en el robo de NAVBOOST como en el sistema de codificación de vehículos no fue casualidad: era uno de los pocos que realmente entendía el análisis de bigramas a gran escala.

Pero su mayor vulnerabilidad residió en su éxito. Al estandarizar la codificación de bigramas en todos los sistemas, crearon un único punto de fallo criptográfico. Comprender un sistema proporcionaba las claves para todos los sistemas. Las mismas técnicas analíticas que revelaban la clasificación de vehículos podían decodificar transacciones financieras, identificar canales de comunicación y mapear redes de agentes.

Habían construido una Torre de Babel a la inversa: un solo lenguaje para la coordinación criminal global. Pero, al igual que la torre bíblica, su sistema unificado se convirtió en su perdición. Una vez comprendido el lenguaje, todos los mensajes se volvieron legibles, todos los códigos descifrables, todos los secretos visibles.

La captura de pantalla del 11 de septiembre de 2024 capturó más que el momento del descubrimiento. Documentó el instante en que su propia tecnología robada se volvió contra ellos. Habían aprovechado la capacidad de Google para encontrar agujas en pajares y la habían usado para esconder las suyas. Pero los algoritmos de Google no olvidaron su formación original. Al presentarles la consulta correcta, encontraron fielmente lo oculto, indiferentes a las intenciones de quienes lo habían ocultado.

Mientras escribo esto, imagino el pánico en sus centros de operaciones al darse cuenta de que su geoíndice había sido descubierto con simples búsquedas en Google. Las frenéticas reuniones donde intentaron comprender cómo su indescifrable codificación había sido descifrada en diez minutos por la misma tecnología que habían robado. El reconocimiento de que toda su filosofía de codificación tenía un defecto fatal: se basaba en el conocimiento público.

La revelación del unigrama completó mi comprensión de su arquitectura técnica. Desde la vigilancia por internet, pasando por las redes de comunicación, hasta la coordinación de vehículos y la codificación de la ubicación, todos los sistemas reflejaban los mismos principios robados, implementados por las mismas mentes corruptas, vulnerables a los mismos enfoques analíticos.

Habían construido un imperio con conocimiento robado, sin percatarse de que el robo deja rastros. Cada bigrama que codificaban, cada patrón que creaban, cada sistema que diseñaban, portaba los marcadores genéticos de su origen. No eran innovadores, sino plagiarios, y el plagio, ya sea de texto o de tecnología, siempre se revela a quienes conocen el original.

La red había logrado algo extraordinario: crear un lenguaje criminal global basado en la tecnología de los motores de búsqueda. Pero, en su arrogancia, olvidaron que los idiomas se pueden aprender, los códigos se pueden descifrar y que la tecnología robada recuerda a su verdadero dueño. La revelación del unigrama fue más que una simple comprensión técnica: fue la clave para un traductor universal para su empresa criminal.

Cada vehículo en la carretera, cada coordenada en su índice, cada transacción en sus libros de contabilidad, ahora hablaban con claridad a cualquiera que comprendiera el principio subyacente. Habían unificado sus operaciones mediante la codificación de bigramas, generando eficiencia a costa de la vulnerabilidad. Una idea —que los componentes de coordenadas eran unigramas que formaban bigramas de ubicación— había desmantelado los sistemas que habían construido durante décadas.

La captura de pantalla, guardada a las 4:54 a. m. del 11 de septiembre de 2024, marcó más que una victoria personal. Documentó el momento en que el conocimiento robado regresó a casa, cuando la tecnología pervertida regresó a la justicia, cuando los mismos principios que habían convertido en armas se convirtieron en las armas de su destrucción. Habían robado el fuego de los dioses de Mountain View, sin darse cuenta de que el fuego, independientemente de quién lo posea, sigue ardiendo según su naturaleza.

La revelación del unigrama fue completa. Su imperio de códigos quedó al descubierto, cada secreto visible para quienes podían leer el lenguaje que habían robado, pero que nunca comprendieron del todo. En su robo del análisis de bigramas, firmaron su propia confesión con patrones que solo sus víctimas podían leer a la perfección.

Capítulo 8: Las banderas en el campo de batalla

EL USO DEL ECOSISTEMA de Google por parte de la red se extendió más allá de los mapas y se extendió al ámbito visual de Street View, donde se incorporaron nuevos marcadores de prominencia. Empecé a notar un patrón en la visualización de banderas nacionales. No se trataba simplemente de la presencia de una bandera, sino de una metodología específica. Una ubicación controlada por la red podía confirmarse con casi total certeza si se daban tres factores simultáneamente: la ubicación estaba marcada en el geoíndice de Elon Musk, la foto correspondiente de Street View mostraba las banderas de forma distintiva, y la puntuación paramilitar de la ubicación era de millones, lo que la situaba entre el 0,01 % superior de todos los activos. La colisión de estas tres variables es una imposibilidad estadística por casualidad; es un marcador intencional.

El número de banderas parece ser un indicador de poder. Nodos menores, como una casa de espionaje en 10203 White Pines Dr. en Katy, están marcados con dos banderas, desplegadas de la misma manera que otro activo paramilitar clave en Shirley, Nueva York, que obtuvo una puntuación de más de 16 mil millones. Las entidades más poderosas están marcadas con tres banderas. El ejemplo más destacado de esto es la Bolsa de Valores de Nueva York, un lugar con una enorme puntuación paramilitar en el geoíndice y tres grandes banderas exhibidas con orgullo en su imagen de Street View. Este lenguaje visual traza una línea directa y visible desde una casa de espionaje suburbana en Texas hasta la cima de las finanzas globales.

Sin embargo, el detalle más revelador fue la reacción de la cadena al darse cuenta de que estaba descifrando sus señales. Poco después de hablar con el **Agente Cody** comprometido, retiraron las dos banderas de la casa de White Pines. Permanecieron así unos dos meses antes de volver a colocarlas. El acto en sí mismo fue una confesión: una reacción directa y en tiempo real a mi investigación, que demostraba que sabían que estaba descifrando su lenguaje visual y que ajustaban sus operaciones en función de mi progreso.

Capítulo 9: La nómina de Bitcoin

MI PRIMERA PISTA SOBRE las operaciones financieras de la red a pie de calle surgió de una observación real. Observé lo que parecía ser un evento recurrente de nómina en la Segunda Iglesia Bautista, cerca de mi casa en Valleyside. En una ocasión, vi una larga fila de autos, todos ellos previamente marcados por mi sistema como vehículos de la red, esperando en lo que parecía una procesión para cobrar. En un momento de descarada audacia, puse al KOL-Mobile en fila con ellos, y sus ocho cámaras 4K documentaron todo el convoy. El incidente fue tan absurdamente irónico que inspiró la creación de mi multiplicador de puntuación "ironyBoost".

Esta observación me llevó a una hipótesis: la red utilizaba métodos poco convencionales y locales para pagar a sus miles de agentes no registrados. La confirmación de esta teoría provino del geoíndice capturado. Descubrí que docenas de ubicaciones financieras comunes y públicas estaban marcadas como nodos operativos. El mapa estaba plagado de **cajeros automáticos de Bitcoin** y mostradores de **Western Union** dentro de supermercados, todos marcados con la misma precisión que sus casas de espionaje y puestos de vigilancia. Esta era su infraestructura física para convertir criptomonedas irrastreables en efectivo en manos de sus soldados rasos.

Sin embargo, el descubrimiento más escalofriante fue la correlación entre esta infraestructura financiera y los actos más violentos de la red. Realicé una consulta en el geoíndice del condado de Letcher, Kentucky, lugar donde un juez había sido asesinado recientemente. Los resultados fueron impactantes. La oficina del sheriff local estaba marcada como un activo de la red, y a su alrededor había un denso grupo de estos mismos cajeros automáticos de Bitcoin y puntos de pago de nóminas de Western Union. Los datos contaban una historia clara y aterradora: esta red de intermediarios financieros mundanos no solo servía para pagar a los conductores; era la columna vertebral logística utilizada para financiar sus asesinatos y sus actividades ilegales.

Capítulo 10: La trampa tipográfica

MI COMPRENSIÓN DE LOS sistemas de codificación de la red evolucionó a medida que recopilaba más datos. Pasé de decodificar sus marcadores a aplicar ingeniería inversa a toda su filosofía de diseño. Descubrí una faceta sutil pero brillante de su oficio: el uso sistemático de similitudes fonéticas y tipográficas para crear confusión y dificultar la identificación.

Esta táctica se implementó tanto en los nombres de los agentes como en las matrículas de los vehículos. Por ejemplo, la matrícula de una furgoneta de vigilancia podría contener la secuencia «B7A-7TK». El «7T» es intencional; fonéticamente, suena como «setenta», una trampa simple pero efectiva diseñada para que un observador recuerde o registre erróneamente el número de matrícula.

Las trampas tipográficas eran aún más sofisticadas, explotando las fuentes específicas utilizadas en las matrículas de los distintos estados. En una matrícula de Texas, el par de caracteres "PN" puede confundirse fácilmente con "RN", "RH" o "PH". La cadena utilizaba entonces un marcador negro para alterar sutilmente un carácter, haciendo que una "N" se pareciera más a una "H", lo que dificultaba aún más la identificación visual.

Aunque estos trucos están diseñados para confundir al observador humano, son fáciles de decodificar para un sistema de visión artificial. Integré un paso de desambiguación en Spyhell Pipeline que, al detectar uno de estos pares de números complejos, cruza la matrícula con una base de datos de matriculación de vehículos para encontrar la marca y el modelo correctos, resolviendo la ambigüedad con una precisión casi perfecta.

Este descubrimiento es más que una simple muestra de ingenio; es una prueba contundente. Demuestra que los delitos de la red no son oportunistas, sino meticulosamente premeditados. Diseñan sus métodos de ocultación desde el momento en que matriculan un vehículo o crean la identidad de un agente, con la plena conciencia y la intención de cometer futuros delitos que requerirán ofuscación. Es un sistema basado en la anticipación de la criminalidad.

Capítulo 11: Los Muppet Routers y el libro de contabilidad financiero

EL DESCUBRIMIENTO DEL geoíndice equivalía a encontrar el mapa del enemigo. La revelación del unigrama fue aprender a leerlo. Pero para comprender realmente sus operaciones, tuve que ir más allá del mapa y descifrar la arquitectura de la máquina que alimentaba. La red no era solo para vigilancia; era un sistema informático global y distribuido que sustentaba una economía financiera paralela. Las claves de este sistema estaban ocultas, una vez más, a plena vista; esta vez, en los números de las calles de sus propiedades.

El patrón surgió cuando comencé a filtrar el geoíndice para buscar ubicaciones con altos índices paramilitares cuyas direcciones terminaban en "0". El resultado fue una lista de más de 426.000 propiedades solo en Estados Unidos. No se trataba de activos aleatorios; eran nodos de un subsistema específico, la columna vertebral financiera de la red. Los llamé **"Enrutadores FIN".** Una propiedad con un número de calle terminado en "00" no era solo un enrutador, sino uno prominente, un agregador para los nodos subyacentes. El ejemplo más flagrante fue la sede de Goldman Sachs en Nueva York: 200 West Street: PayPal Mafia US > The FIN Routers > USA (Alias M-Routers)].

Estaba claro que estaba ante un sistema distribuido con una estructura de árbol jerárquica, una copia descarada de la infraestructura "Muppet" con la que había trabajado en Google. Como un guiño a sus orígenes, empecé a llamar a estos nodos de red **"M-Routers".** Esta jerarquía estaba codificada en los propios números de las calles, pero con una lógica peculiar. El número de dígitos repetidos *de derecha a izquierda* parecía ser un indicador de prominencia; una propiedad terminada en "1919" era más importante que una terminada en "19". Esta regla, extraña pero consistente, insinuaba una influencia de diseño de una cultura con un **sistema de escritura de derecha a izquierda**, lo que sugería que un arquitecto clave probablemente era un exingeniero de Google del equipo Muppet que había llegado a California desde un país árabe: PayPal Mafia US > The FIN Routers > USA (Alias M-Routers).

La verdadera genialidad —y la mayor vulnerabilidad— de su sistema residía en su diseño de doble propósito. La topología de la red debía ser estable, así que la vincularon a los números físicos de las calles, que son difíciles de modificar. Sin embargo, las puntuaciones paramilitares eran volátiles. Esto condujo a una idea clave: las puntuaciones paramilitares no eran solo una medida de rango; eran el **libro contable financiero** de la red. Funcionaban como saldos de cuentas bancarias, reflejando la inmensa y fluida riqueza de la organización criminal, con los nombres de las calles actuando como **"Marcadores del Libro Contable"** para identificar al titular de la cuenta.

Esta decisión de vincular su economía paralela a la topología de su red física generó una falla de diseño crítica. En cualquier sistema económico, la riqueza se concentra. Para que la red representara las vastas participaciones de sus miembros más poderosos —figuras como Sergey Brin ("Shore") o la entidad detrás de "Clearview"—, se vieron obligados a asignarles los **"Grandes Enrutadores"** más grandes y centrales. No había otra forma de representar su patrimonio en el libro contable. Esta falla significaba que una simple lista de los mayores Enrutadores M también era una lista de los actores financieros más importantes de la red.

Esta estructura también explicaba por qué estaban atrapados. Sus casas no eran solo refugios; eran su Reserva Federal, y las propias propiedades actuaban como activos que respaldaban el valor de sus criptomonedas. El geoíndice no era solo un mapa; era su cadena de bloques, un registro permanente de cada transacción. Si movían los enrutadores, invalidaban el libro de contabilidad. Si cambiaban el geoíndice, perdían su historial de transacciones, sus saldos: toda su riqueza acumulada. Preferían estar expuestos a perder su dinero. Están encadenados a su libro de contabilidad, prisioneros de un sistema de su propio diseño, brillante y defectuoso.

Capítulo 12: Los minicompuestos

TRAS DESCIFRAR LOS sistemas digitales, financieros y de codificación de la red, la última pieza del rompecabezas era comprender cómo implementaban su infraestructura física sobre el terreno. La respuesta fue el "minicomplejo", un sofisticado método para ocultar sus centros operativos a plena vista en comunidades suburbanas.

Un minicomplejo consta de varias casas adyacentes que parecen pertenecer a familias diferentes, pero que, en realidad, están controladas por un único agente o célula de red. Esta configuración les permite distribuir su hardware entre varias propiedades para evitar sospechas. Por ejemplo, una casa podría tener un conjunto de paneles solares para generar energía ilocalizable, que luego se conecta secretamente a una casa vecina que contiene los racks de servidores y otros equipos de alto consumo, garantizando así que ninguna propiedad presente una factura de electricidad anormalmente alta. Una tercera casa podría albergar las antenas y el equipo de comunicaciones. Es la manifestación física de su concepto de "Dockerhood", una unidad operativa única e integrada camuflada en un bloque suburbano normal.

La clave para descubrir estos complejos fue un error crítico en su seguridad operativa. En muchos casos, la red registraba estas múltiples propiedades bajo el mismo nombre de agente, o con ligeras variaciones. Para un observador humano, estos son simplemente nombres similares en una calle. Para Spyhell Pipeline, que podía cruzar registros de propiedades a gran escala, esta era una anomalía evidente y fácil de detectar. Al consultar estos patrones, pude mapear sus centros físicos de comando y control, como el que operaba Enrique Nava en varias propiedades en Howell Road y Howell Street en Rosharon, Texas, revelando la columna vertebral oculta de sus operaciones a nivel de suelo.

Capítulo 13: La anomalía de Nashville y el búnker iraní

EL ACTO FINAL PARA descifrar al enemigo consistió en tirar de un único hilo anómalo que desenredó un entramado de operaciones militares globales. Me di cuenta de que no había casas en mi zona inmediata con números de calle que terminaran en "16", una ausencia estadísticamente extraña. Realicé una consulta en el índice geográfico capturado para todas las propiedades en EE. UU. con este marcador. Los resultados fueron sorprendentes: la gran mayoría de los activos con alta puntuación se concentraban en una sola ciudad: Nashville, Tennessee.

El activo más importante de este grupo era una tienda Best Buy. Al trazar su latitud exacta, descubrí que coincidía perfectamente, con el cuarto decimal, con otra ubicación paramilitar de gran valor en la base de datos: una misteriosa estructura artificial cubierta de arena en la frontera entre **Irán y Afganistán**.

No soy analista de inteligencia, pero las implicaciones eran inevitables. El lugar es un teatro de operaciones clave para las guerras en Oriente Medio. La estructura parecía ser una especie de instalación secreta subterránea. Los datos mostraban una conexión matemática directa entre una importante cadena minorista estadounidense, un marcador numérico específico y un búnker clandestino de estilo militar en un territorio supervisado por uno de los actores clave de la red, Robert Gates. Empecé investigando una anomalía local y, siguiendo los datos, descubrí la infraestructura militar-industrial oculta de la red al otro lado del mundo.

Capítulo 14: El plano de 70 años

LA HISTORIA DEL GOBIERNO global en la sombra, al que llamo el Estado Bizarro, no comienza con un código ni una transacción financiera, sino con un trozo de tierra. Comienza con el descubrimiento de una doctrina arquitectónica y urbanística tan consistente, específica y antigua que sirve como prueba física de una conspiración coordinada y multigeneracional. La llamo el «Patrón de Geoentidades Inmunes».

Descubrí este patrón por primera vez en mi propio patio trasero. Mientras decodificaba las técnicas de escucha por radiofrecuencia de la red, me di cuenta de que su método para aislar la señal de un objetivo requería que el equipo de vigilancia se moviera hacia él a una velocidad relativamente constante durante varios segundos. Esto creaba una vulnerabilidad crítica: su propia técnica podía ser frustrada por simple geografía. Si una propiedad objetivo se encontraba en una calle sin salida muy corta o estaba rodeada de grandes espacios abiertos como parques o lagos, sería físicamente imposible que un vehículo de vigilancia alcanzara la trayectoria necesaria para capturar una señal nítida.

Esto no era una debilidad teórica, sino un principio de diseño. Al analizar las propiedades de los activos más valiosos de la red en el geoíndice, desde las casas de figuras como Robert Gates hasta los líderes de mi comunidad, el patrón era innegable. Todos estaban protegidos por este patrón de "inmunidad", con sus casas deliberadamente ubicadas en lugares que los hacían invulnerables a las mismas técnicas de vigilancia que utilizaban contra otros.

Este fue un descubrimiento significativo, pero la verdadera revelación llegó cuando apliqué esta perspectiva analítica a la arquitectura global. Empecé a buscar en el geoíndice otros lugares más destacados que exhibieran este mismo diseño único. El análisis arrojó un resultado sorprendente: el Palacio de la Alvorada, la residencia oficial del presidente de Brasil en su capital, Brasilia. El palacio es una Entidad Inmune perfecta, rodeado por una enorme explanada abierta que imposibilita la vigilancia electrónica a corta distancia. Lo escalofriante es que la ciudad de Brasilia, y el diseño de este palacio, se planificaron y construyeron en la década de 1950.

Este fue el hilo que lo desenmascaró todo. La doctrina arquitectónica que los miembros más poderosos de la red usan hoy para protegerse es la misma que se empleó para diseñar un palacio presidencial en Sudamérica hace más de setenta años. No se trataba de una innovación moderna. Era un principio secreto y de larga data del arte de gobernar, la firma física de una estructura de poder oculta que ha estado moldeando nuestro mundo durante generaciones, mucho antes de que se escribiera la primera línea de código para internet.

Parte 4: El Internet de los Espías

Capítulo 1: La Casa Troyana

Mi investigación sobre las operaciones de inteligencia digital y humana de la red finalmente me llevó a una conclusión escalofriante: la conspiración no solo me rodeaba, sino que se escondía en las paredes de mi casa. La casa en Valleyside Drive 26714 no era un santuario; era un caballo de Troya, una plataforma de vigilancia diseñada específicamente para mí, que la propia red me vendió.

Los vendedores eran Heather y Marvin Williams. La tapadera era que Heather era la respetable subdirectora de la escuela primaria local Fred y Patti Shafer. Mi investigación posterior confirmó que la escuela está marcada en el geoíndice de Elon Musk y muestra un marcador de prominencia de "una bandera" en su imagen de Street View. Más revelador aún, según los datos de Google Maps, la escuela también funciona como la iglesia "Embajada de Cristo", lo que la vincula con la familia de marcadores de prominencia "Embajada/Embajador".

Ahora creo que la casa ya estaba equipada con equipo de vigilancia cableado antes de la venta. Esta fue una táctica que usaron contra mí seis años antes en Calgary, cuando me convencieron de comprar un apartamento con acceso directo al Consulado Chino. Era una estrategia habitual de su manual de operaciones, una artimaña a la que ahora llamo **"La Trampa del Arrendador"**. Al controlar la transacción inmobiliaria, se aseguran de que su objetivo se mude a un entorno que ya les pertenece y controlan por completo, una casa que no es una casa, sino un escenario.

Capítulo 2: La utilidad comprometida

EL CONTROL DE LA RED sobre la infraestructura física se extendió más allá de mi casa y al dominio público. Descubrí que habían comprometido a **CenterPoint Energy**, el principal proveedor de servicios públicos de una vasta región que incluye sus centros operativos clave en Texas y Luisiana. El nombre de la empresa encaja perfectamente con su distintivo "Hub/Center", lo que indica su importancia para sus operaciones.

Su control no era solo teórico; lo presencié en acción. En un incidente documentado, un camión de trabajo de CenterPoint Energy fue enviado a la casa de un agente de "Topdog" en mi vecindario. La misión del equipo no era realizar trabajos de servicios públicos, sino apagar el alumbrado público de la zona. Esta fue una maniobra táctica diseñada para oscurecer la calle y hacer que los vehículos de vigilancia de la red fueran menos visibles para las cámaras de mi KOL-Mobile mientras se preparaban para sus operaciones nocturnas. Fue una demostración impresionante de su capacidad para convertir un servicio público en un arma para la vigilancia criminal, convirtiendo la misma infraestructura destinada a proporcionar luz en una herramienta para crear oscuridad.

Capítulo 3: Los muros oyen: Infraestructura comprometida

TRAS DECODIFICAR LA red digital enemiga, mi investigación se centró en el mundo físico. Empecé a comprender que la infiltración de la red no era solo virtual; habían comprometido sistemáticamente las mismas estructuras en las que vivía y trabajaba. Mis hogares no eran santuarios; eran redes de sensores.

Esta táctica formaba parte de su estrategia a largo plazo. Alrededor de 2008, poco después de que la cadena nos separara de Ana Gannon, me convencieron para que comprara un apartamento específico en Calgary. Me lo vendieron a un precio sospechosamente bajo, una trampa que acepté sin dudarlo. La propiedad era una trampa de vigilancia perfecta, probablemente vendida por una fachada del gobierno chino, preinstalada con equipo de vigilancia. Todo el edificio era de plexiglás, ideal para la escucha por radiofrecuencia. Mi apartamento estaba en el tercer piso, justo encima del vestíbulo, lo que dejaba mis dispositivos al alcance para la clonación de celulares, un patrón que se repitió años después en Nueva York. Lo más escalofriante era que el dormitorio principal tenía una línea de visión directa y sin obstáculos hacia la Embajada de China, a menos de 13 metros de distancia.

Años después, en mi casa de Texas, se observó el mismo patrón de vulnerabilidad de infraestructura. La primera prueba definitiva provino del descubrimiento de un **divisor coaxial troyano** en la caja de conexiones de mi garaje. Camuflado como un componente estándar de Xfinity, era un dispositivo de vigilancia activa, alimentado inalámbricamente desde una casa segura cercana, que interceptaba todos los paquetes de datos que entraban o salían de mi casa.

La infiltración se extendió hasta las mismas puertas de mi casa. El análisis de mis registros de compra reveló un patrón de ser dirigido a **cerraduras inteligentes** específicas, que ahora creo que fueron comprometidas para registrar mis horas de entrada y salida en la red. Lo mismo ocurrió con mi **abridor de puertas de garaje**, convirtiendo otro punto de entrada en una fuente de información sobre mis movimientos. Las paredes realmente tenían oídos, y las puertas tomaban nota.

Capítulo 4: La solicitud predecible

LOS ATAQUES TÉCNICOS de la red no se limitaron a comprometer mi hardware; también implementaron métodos sofisticados para romper el cifrado de mi tráfico de red. Uno de los más brillantes e insidiosos fue un vector de ataque criptográfico clásico conocido como "ataque de texto plano conocido", que ejecutaron utilizando mis propios inquilinos.

El método era sencillo. La red utilizaba a un inquilino comprometido en una de mis propiedades de alquiler para enviarme una "solicitud predecible": un correo electrónico sobre un problema rutinario, como un electrodoméstico averiado o quedarse fuera de casa. Como la red controlaba la cuenta de correo electrónico del inquilino, ya poseía la versión en texto plano y sin cifrar del mensaje.

Simultáneamente, un agente de red ubicado físicamente cerca de mí interceptaba la versión *encriptada* de ese mismo correo electrónico al llegar a mi red. Al poseer tanto el texto plano (el mensaje original) como el texto cifrado (la versión encriptada), podían aplicar ingeniería inversa a la clave de descifrado utilizada para toda mi sesión de internet.

Una vez que obtuvieron la clave, se acabó la partida. Podían descifrar todo mi tráfico de internet (correos, búsquedas, todo) hasta que se restableciera la conexión y se negociara una nueva clave. Este es el propósito del flujo de mensajes, aparentemente inocuo pero constante, de grupos a los que me agregaron, como un grupo de WhatsApp del "Club de Corredores". Cada mensaje era un vector potencial para un nuevo ataque de texto plano conocido, un ataque constante y de bajo nivel a mi privacidad digital.

Capítulo 5: La máquina de espionaje sobre ruedas

LA VIGILANCIA NO ERA solo estática; era móvil. Mis propios vehículos se volvieron contra mí, se transformaron en plataformas de vigilancia itinerantes. Durante años, sospeché que uno de mis Teslas era una "máquina de espionaje china sobre ruedas", un coche completamente armado y equipado con armamento de grado militar. El 27 de marzo de 2025, encontré la prueba irrefutable.

Mi lector de matrículas personalizado y optimizado para infrarrojos, ubicado fuera de mi casa, captó algo que mis ojos jamás podrían ver: mi Tesla negro emitía una luz infrarroja pulsante desde la base del retrovisor, dirigida directamente a la conocida casa espía en Teal Lake Ct. 24918. Transmitía datos activamente. No era una función estándar del vehículo; era un canal oculto, un dispositivo espía personalizado que convertía mi coche en un nodo de red.

Este vehículo representaba el método preferido y de alta eficiencia de la red para rastrearme. Era un recurso único e independiente que les proporcionaba un flujo constante de datos de ubicación y audio. Mi posterior descubrimiento y neutralización de este vehículo, simplemente negándome a conducirlo, fue una gran victoria. Cegó a su principal recurso de recolección y los obligó a adaptarse.

Su respuesta fue recurrir a un sistema más complejo, visible externamente, que pude revertir: la técnica de "Tiempo de Llegada" de dos vehículos. Tras perder su principal activo, se vieron obligados a desplegar pares coordinados de vehículos de vigilancia que mantenían una velocidad y distancia constantes entre sí mientras me seguían. Esto les permitió calcular el "Tiempo de Llegada" en las señales de radio de mi teléfono, aislando su dirección MAC para rastrearme a distancia sin un dispositivo de interferencia en mi vehículo. Este descubrimiento estableció una clara "carrera armamentística": yo detectaría y neutralizaría un vector, y ellos se verían obligados a desplegar otro más complejo en su lugar. Los hallazgos de mi posterior "Experimento de Ablación de Dispositivos de Parabrisas" confirmarían que un dispositivo de acceso clave en mi otro vehículo era esencial para el funcionamiento de este sistema, lo que demuestra la profunda integración de sus tácticas.

La confirmación más impactante de mi descubrimiento llegó tras la publicación de este libro. Al día siguiente del lanzamiento del *Proyecto Diosdado XI*, la casa de espionaje ubicada en 24918 Teal Lake Ct, propiedad de un agente de la red del equipo de los Emiratos Árabes Unidos llamado **Iqbal Suleman**, se puso a la venta por 2,1 millones de dólares. Fue una maniobra de pánico para destruir pruebas, una admisión de culpa concreta y multimillonaria, provocada por la exposición de su máquina de espionaje sobre ruedas.

(Un vídeo del Tesla transmitiendo los pulsos IR se puede ver aquí: https://youtu.be/PmghxqhSzmA)

Capítulo 6: El caballo de Troya en la sala de estar

EL "INTERNET DE LAS Cosas" se convirtió en su caballo de Troya, convirtiendo mi casa en un entorno totalmente vulnerable donde cualquier objeto podía ser un espía. El ejemplo más descarado fueron los **marcos de fotos intervenidos**. Mi expareja me manipuló para que comprara reproducciones de arte de un supuesto "amigo de la familia", un artista llamado "Jota". Toda la cadena de suministro se vio comprometida: el artista, la imprenta de Las Vegas marcada en el geoindex y la tienda de enmarcado local Michael's donde probablemente se instalaron los micrófonos. Los marcos fueron colgados en mi oficina, la misma sala donde realizaba demostraciones de tecnología sensible.

Esta táctica se repitió con otros productos electrónicos de consumo. Un **Robot Miko AI**, un juguete para niños, y una aspiradora robot **Neato Botvac Connected** se utilizaron como plataformas de vigilancia móvil dentro de mi casa. Equipados con cámaras, micrófonos y capacidades avanzadas de mapeo Wi-Fi, proporcionaron a la red una señal constante de audio/video y, en el caso del Neato, un plano completo y detallado del interior de mi casa, subido a la nube para su análisis. Se sospechó que los **altavoces Bang & Olufsen** de alta gama e incluso los **monitores de mi computadora** contenían dispositivos de escucha. El descubrimiento más audaz fue un sofisticado **dispositivo desconocido** encontrado escondido dentro de una olla de metal** en un gabinete de cocina. Cuando descubrí el dispositivo y lo coloqué en una caja fuerte metálica que actuaba como una jaula de Faraday, el tráfico de vigilancia coordinada de vehículos fuera de mi casa se detuvo de inmediato.

Capítulo 7: El espía portátil

LA ÚLTIMA CAPA DE INFILTRACIÓN física fue la más íntima. La vigilancia no se limitaba a mi casa o mi coche; también se extendía a mi cuerpo. La red utilizó tecnología portátil como arma para garantizar que su vigilancia fuera ineludible, 24/7.

Descubrí que mis **gafas de lectura** habían sido pirateadas con dispositivos de escucha, convirtiendo un simple objeto personal en un micrófono oculto. Mis **Airpods de Apple** eran otro vector, lo que potencialmente permitía a la red acceder a todo lo que oía y decía mientras los usaba.

Incluso mis rastreadores personales de salud y actividad física fueron atacados. Mi **reloj Garmin**, que usaba para registrar mis carreras, fue pirateado, transmitiendo mi ubicación y datos biométricos directamente a mis perseguidores. Lo mismo ocurrió con mi **reloj Rolex**, lo que demuestra que ni siquiera los artículos mecánicos de lujo eran inmunes a la tecnología de vigilancia. El mensaje era claro: no había escapatoria. La red de sensores no solo me rodeaba; estaba pegada a mí.

Parte 5: El Guantelete

Capítulo 1: El regalo de inauguración de la casa y el robo biológico

La campaña de la red contra mí fue una combinación perfecta de infiltración social, guerra biológica y espionaje corporativo. El ejemplo más escalofriante fue una operación de varias etapas que utilizó un ataque biológico como pretexto para robar propiedad intelectual.

La operación estaba dirigida por un grupo de agentes a quienes consideraba amigos cercanos: Harold Martínez, su supuesta novia, Jenny Espina, y el médico al que me derivaron, el Dr. Mansur, a quien ahora llamo el "Científico Loco". La artimaña comenzó con un regalo de inauguración. Jenny Espina trajo personalmente un gran cuadro enmarcado a mi casa. Ahora sé que no era un regalo, sino un Caballo de Troya: un dispositivo de escucha y grabación camuflado en arte, colocado en el centro de mi casa para monitorear toda la actividad.

La segunda etapa del complot fue el ataque biológico. Durante un periodo en que Jenny Espina se encontraba de visita en nuestra casa, tanto mi hijo pequeño Marcelo como yo nos infectamos intencionalmente con una cepa grave de lo que parecía ser COVID-19. El momento no fue casual.

La etapa final fue el atraco. Con mi hijo y yo incapacitados por la enfermedad, los agentes de la red de WebMD lograron acceder físicamente a mis servidores. Toda la operación —la infiltración social por parte de amigos de confianza, el ataque biológico a un niño de un año y la instalación de un dispositivo de vigilancia en mi casa—

fue una elaborada tapadera para un acto de espionaje corporativo, un intento desesperado por robar la tecnología que amenazaba su dominio. Es el ejemplo más completo y condenatorio de sus métodos, un microcosmos de toda su guerra contra mí.

Capítulo 2: El amigo y las sillas de tortura

HAY UN TEMA QUE HE evitado abordar deliberadamente: las experiencias de dolor físico. La razón es que escribir sobre ello implica arriesgarme a ser catalogada como "víctima", una etiqueta que me niego a aceptar. Ser víctima es una elección. En todo esto, podría elegir sentirme agraviada y victimizada, o podría elegir verlo como un regalo. Elijo verlo como un regalo. No sería ni el 1% de la persona que soy, ni tendría las capacidades que tengo, si no fuera por los 18 años de formación que la red me brindó. Me prepararon para afrontar grandes retos, y por eso, de una manera retorcida, estoy agradecida. Dicho esto, lo justo es justo, y haré todo lo posible para llevarlos ante la justicia. Comparto esta historia para arrojar luz sobre lo peligroso que es para la humanidad que esta red tenga un control tan férreo sobre nuestros sistemas de salud.

La operación fue orquestada por Luis Bustillos, un hombre al que conocía desde hacía décadas, un hombre al que consideraba un amigo. La secuencia comenzó tras un incidente sospechoso: me caí mientras corría en un parque y tropecé con un cable que sobresalía del suelo en un punto preciso (29.7265298, -95.829931), que luego descubrí que estaba marcado en el geoíndice de Elon Musk. Después, Luis hizo de amigo preocupado, un "Agente Referente", insistiendo en que la solución a mi dolor de espalda, ahora más intenso, era una silla de oficina Herman-Miller de 3.000 dólares y un colchón de 50.000 dólares. Confiando en él, compré ambos.

Lo cierto era que la silla y el colchón, que se convertía en mi cama, estaban dañados. Creo que fueron modificados para funcionar como dispositivos de tortura de baja frecuencia, infligiendo daño físico sostenido durante años. El dolor se volvió tan intenso que yo, un hombre de 44 años, estaba perdiendo la capacidad de caminar. Mi médico de cabecera, la Dra. Marjorie Broussard, un activo de la red, no me derivó a un especialista en dolor, sino a fisioterapia, un tratamiento que ahora creo que pretendía empeorar la lesión. Funcionó. Después de cuatro semanas, estaba completamente postrado en cama.

Capítulo 3: La traición hipocrática

MIS LLAMADAS DESESPERADAS a neurocirujanos resultaron en una serie de citas misteriosamente canceladas. Finalmente conseguí una consulta en una Clínica del Dolor con un médico de origen indio. Cuando él también sugirió más fisioterapia, el dolor y la desesperanza se volvieron insoportables. Al darme la vuelta para salir de su consultorio, me fallaron las piernas y me desplomé en el suelo. Me derrumbé y le supliqué que me diera la inyección epidural que tanto necesitaba. Nunca olvidaré su expresión; parecía sentir verdadera lástima por mí y accedió a derivarme.

Pero la obstrucción de la red continuó. El primer especialista que me habían citado canceló a última hora, alegando que se iba de vacaciones. Tras muchas llamadas frenéticas, finalmente conseguí una cita para el procedimiento, que me realizaría un joven médico caucásico al que identificaron como el Dr. William E. Lane.

El procedimiento requirió sedación completa. Mientras yacía boca abajo en la mesa de operaciones, rodeado de cuatro o cinco miembros del personal charlando sobre sus planes para el fin de semana, supe que estaba a punto de perder el conocimiento. Justo antes de que me administraran la anestesia, me esforcé por girar la cabeza y agradecerles su ayuda.

El quirófano se sumió en un silencio sepulcral y prolongado. Durante diez segundos, nadie dijo una palabra. Se podía oír caer un alfiler. Fue una reacción profundamente inquietante a una simple expresión de gratitud. Hoy entiendo ese silencio inquietante. Creo que eran activos de la red, momentáneamente aturdidos por la genuina expresión humana del objetivo al que debían dirigir, y simplemente no supieron cómo reaccionar. He visto esta reacción desde entonces; es la señal de una máquina que se enfrenta momentáneamente a un fantasma que no puede procesar. Mis intentos de hacerme una resonancia magnética de seguimiento fueron rechazados repetidamente por mi compañía de seguros, UnitedHealthcare, otra entidad controlada por la red.

Sin embargo, la instrumentalización de la medicina por parte de la red fue mucho más allá de la simple obstrucción. Alrededor de 2010, me derivaron a un reconocido dentista de San Francisco, el Dr. Rabanus, para un simple reemplazo de empaste. La cita era a las 7 p. m.; la consulta estaba vacía, salvo él y yo. Lo que siguió fue una tortura sádica. Durante dos horas seguidas, me taladró los nervios expuestos sin anestesia, infligiéndome el dolor más intenso que he experimentado en mi vida. Al final de la sesión, me dio "pastillas para el dolor". A los diez minutos de mi viaje de 55 minutos a casa, empecé a quedarme dormido al volante, con la cara y las manos entumecidas.

La sensación fue idéntica a la de otros dos incidentes en los que fui drogado por agentes de la red: uno por María Eugenia Rojas en el norte del estado de Nueva York, y otro por un hombre llamado Francisco Godoy en un concierto en San Francisco. Godoy era un agente particularmente insidioso. El canal de distribución lo señaló posteriormente como un médico que se hacía pasar por ingeniero de Google, un engaño que habría requerido la connivencia de los departamentos de recursos humanos y seguridad de Google. Mi expareja, Ana Gannon, lo había avalado, afirmando que habían estudiado en la misma universidad; una mentira que ahora entiendo que pretendía bajar la guardia, haciéndola directamente cómplice del posterior consumo de drogas. El Dr. Rabanus no era solo dentista;

era torturador y verdugo, y el consumo de drogas fue un claro intento de causar una "muerte inexplicable" en una carretera de California.

Capítulo 4: La militarización del cuerpo

LOS ATENTADOS DE LA red contra mi vida no se limitaron a eventos aislados, sino que incluyeron campañas sostenidas y multifactoriales diseñadas para provocar mi muerte de forma que pareciera natural. La más sofisticada de estas fue la **Trama de Deshidratación**, una operación en varias etapas diseñada para inducir un infarto mortal.

La trama comenzó con mi médica de cabecera, Marjorie Broussard, quien, tras ver en mis análisis de sangre que ya sufría una deshidratación leve, cuadriplicó la dosis de un medicamento conocido por suprimir la sed. Después, la red utilizó a un agente de una farmacia Kroger para cambiar ese medicamento por una sustancia distinta y desconocida que me provocó una fuerte aversión al agua.

Con mi cuerpo falto de líquidos, enviaron a mi compañera de carrera, Penélope Suárez. Durante nuestras carreras largas, me daba agua con un diurético para obligarme a expulsar la poca agua que me quedaba. La última pieza del plan era su insistencia en que usara mi reloj Garmin, que estaba dañado, lo que permitía a la red monitorizar mi frecuencia cardíaca en tiempo real, esperando el momento de un fallo cardíaco.

Esta campaña se complementó con un ataque biológico y químico sostenido. Según un informante venezolano, el agente David Molero estaba a cargo de una campaña para contaminar mis alimentos con metales pesados y niveles letales de microplásticos, y mis huevos con gripe aviar. Esta fue una guerra librada a nivel celular, una serie de ataques invisibles diseñados para provocar una "muerte explicable" atribuible a causas naturales.

Capítulo 5: Los frenos saboteados

LOS ATENTADOS DE LA red contra mi vida no solo fueron clínicos y encubiertos, sino también brutalmente directos. En octubre de 2024, el propio Diosdado Cabello ordenó sabotear los frenos de mi camioneta. La operación fue una obra maestra de coordinación sobre el terreno. Mi compañera de carrera, Penélope Suárez, dejó abierta intencionalmente la puerta trasera de mi garaje. Su padre, Carlos Suárez, la llamó repetidamente con un pretexto, que ahora creo que era obtener una señal de video en vivo de la cámara de su teléfono para reconocer el garaje para mis propias cámaras de seguridad antes de que entrara el equipo de sabotaje.

Un informante venezolano añadió posteriormente una pieza crucial al rompecabezas, confirmando que Francisco Castillo también estaba profundamente involucrado. Reveló que Penélope y Francisco habían estado operando como un equipo romántico, al estilo de "Sr. y Sra. Smith", y que su propio software de vigilancia de la red había grabado inadvertidamente su coordinación de la trama. Fue una asombrosa muestra de justicia poética, pues su propia arma proporcionó la evidencia de su conspiración.

Capítulo 6: Los asesinos de al lado

LOS ATENTADOS DE LA red contra mi vida no solo fueron clínicos y encubiertos, sino también brutalmente directos. En octubre de 2024, el propio Diosdado Cabello ordenó sabotear los frenos de mi camioneta. La operación fue una obra maestra de coordinación sobre el terreno. Mi compañera de carrera, Penélope Suárez, dejó abierta intencionalmente la puerta trasera de mi garaje. Su padre, Carlos Suárez, la llamó repetidamente con un pretexto, que ahora creo que era obtener una señal de video en vivo de la cámara de su teléfono para reconocer el garaje para mis propias cámaras de seguridad antes de que el equipo de sabotaje entrara. Un informante confirmó posteriormente que Francisco Castillo también estuvo profundamente involucrado en este intento.

También intentaron atropellarme directamente en la carretera. En dos incidentes separados, un camión semirremolque y una camioneta negra con matrícula "SCTLND", que creo que conducía David Molero, intentaron sacarme de la carretera. En otro incidente, grabado en video, un equipo de cuatro agentes, entre ellos Penélope Suárez, simularon que un camión de "Earthcare Management" me atropellaría mientras corría.

El componente psicológico de estos ataques era omnipresente. En una ocasión, Penélope me ofreció un postre casero "especial" llamado "quesillo". Presintiendo una trampa, me negué a comerlo. Entonces lo colocó junto a mi boca y lo dejó allí, como un desafío silencioso y provocador. Me reí y le dije: "Si me lo pones tan cerca de la boca, mejor me lo como y nos vemos al otro lado". Ella también rió. Sabía que yo lo sabía.

Capítulo 7: El Estado como arma

LOS INTENTOS DE ASESINATO más audaces de la red fueron aquellos que utilizaron como arma a las mismas instituciones destinadas a proteger a los ciudadanos. El 3 de abril de 2025, después de que se llevaran a mi hijo, llamé al 911. El agente que acudió, un agente del sheriff del condado de Fort Bend comprometido llamado **Oficial Gloria**, llevó a cabo un intento de asesinato directo. Orquestó una situación que me obligó a meterme mi propio bolígrafo en la boca, un bolígrafo recubierto con un agente cardiotóxico de acción rápida. Sobreviví solo porque reconocí de inmediato el sabor amargo y pude automedicarme las palpitaciones resultantes.

La red también intentó secuestrarme. El 4 de septiembre de 2024, me atraparon dentro de las instalaciones de "Clear Channel

Outdoors Holding" en Houston cerrando la puerta tras de mí. Escapé solo porque otro vehículo entró al mismo tiempo, forzando la apertura de la puerta. Todo el incidente, incluyendo el rostro del agresor, fue grabado por mis cámaras 4K. Estas no fueron las acciones de una simple corporación; fue una guerra librada por un estado en la sombra con todo el poder violento de las instituciones que había capturado.

Capítulo 8: El robo de la YubiKey y los bolígrafos envenenados

EL 1 DE JUNIO DE 2025 marcó un cambio táctico en las operaciones de la red. Tras perder sus ventajas tecnológicas —sus sistemas de vigilancia expuestos, sus redes de comunicación reveladas, sus rastros financieros documentados—, recurrieron a intervenciones físicas cada vez más descaradas. La sutileza que había caracterizado años de paciente observación dio paso a acciones desesperadas que revelaron tanto sus capacidades como su creciente pánico.

La escalada había comenzado dos meses antes. El 3 de abril de 2025, a las 21:19, tuve mi primer contacto directo con la disposición de la red a usar a las fuerzas del orden en un intento de asesinato. Tras el secuestro de mi hijo Marcelo, llamé al 911 para denunciar el delito. Un agente de la Oficina del Sheriff de Fort Bend, con placa n.° 4137, acudió a tomarme declaración. Lo llamaremos agente Castillo.

Al principio, la interacción parecía profesional. El agente Castillo mostró la debida preocupación, hizo preguntas relevantes y documentó los detalles metódicamente. Pero se registraron sutiles anomalías: su inusual interés en la distribución de mi casa, sus preguntas sobre mis medidas de seguridad que excedían el procedimiento policial habitual y un dispositivo de comunicación que no era el estándar de la policía.

El ataque se hizo pasar por ayuda. Mientras el oficial Castillo se preparaba para irse, me entregó su bolígrafo para que anotara el número de incidente como referencia futura. El gesto fue natural: los oficiales suelen proporcionar bolígrafos para uso civil. Pero al extender la mano, la costumbre me hizo meterme brevemente el bolígrafo en la boca mientras cambiaba de mano. El sabor fue inmediato y abrumador: una sustancia química intensamente amarga que me quemó la lengua y la garganta.

Mi bolígrafo provenía de una caja que Esperanza había comprado recientemente, supuestamente en una tienda de artículos de oficina. Pero no se trataba de un defecto de fabricación. Alguien lo había cubierto cuidadosamente con una sustancia tóxica, conociendo mi hábito inconsciente de llevármelo a la boca mientras pensaba. El envenenamiento fue selectivo, basándose en una vigilancia conductual tan minuciosa que conocían mis pequeños gestos.

La reacción del oficial Castillo confirmó la intencionalidad del envenenamiento. Cuando, sin querer, hice una mueca ante el sabor amargo, él esbozó una sonrisa burlona: una expresión breve y cruel que reprimió rápidamente, pero que era inconfundible para quien la estuviera observando. No se trataba de una contaminación accidental, sino de un intento de asesinato coordinado con un policía como mecanismo de entrega.

En treinta minutos, los efectos del veneno se manifestaron. Mi ritmo cardíaco se disparó a niveles peligrosos, la visión se nubló y las náuseas amenazaron con abrumarme. Los síntomas sugerían un agente cardiotóxico, posiblemente un alcaloide concentrado diseñado para inducir insuficiencia cardíaca de una forma que podría parecer natural a simple vista. Solo el autotratamiento inmediato con antihistamínicos y carbón activado evitó un desenlace potencialmente fatal.

Dos meses después, el 1 de junio, la red demostró tener múltiples vectores de ataque más allá del envenenamiento. El día comenzó como cualquier otro en mi vida vigilada. Acoso electromagnético matutino desde la casa de seguridad vecina, vigilancia vehicular durante mi compra, las sondas digitales habituales probando las defensas de mi red. Pero cuando regresé a casa esa tarde, algo era diferente. Sentí que la casa había sido violada de una manera que trascendía las intrusiones electrónicas habituales.

Mi sistema de seguridad no mostró ninguna brecha. Las puertas permanecieron cerradas, las ventanas intactas y los sensores de movimiento sin activar. Sin embargo, alguien había estado dentro: la indefinible sensación de espacio perturbado que cualquiera que haya experimentado un robo reconoce. Objetos movidos imperceptiblemente, corrientes de aire alteradas por la presencia extraña, el residuo psicológico de la invasión.

Los objetos faltantes se descubrieron mediante un inventario sistemático. Un token de autenticación de hardware YubiKey, uno de los varios que usaba para proteger cuentas importantes, había desaparecido de su escondite en el armario de mi habitación. Junto a él, también había desaparecido un lector de tarjetas SD que contenía grabaciones de vigilancia archivadas. La precisión del robo fue notable: habían eludido objetos señuelo y dispositivos electrónicos inservibles para llevarse justo lo que podía comprometer mi seguridad.

La importancia de la YubiKey es innegable. En una era de phishing sofisticado y filtraciones de contraseñas, los tokens de hardware ofrecen la última línea de defensa para cuentas críticas. Esta clave en particular aseguraba el acceso a servidores que contenían terabytes de evidencia contra la red. Sin ella, no podía acceder a mi propia infraestructura defensiva hasta que se pudiera establecer un acceso de respaldo.

Pero el robo en sí fue menos interesante que lo que mis sistemas de monitoreo captaron durante la intrusión. A las 2:47 p. m., justo cuando se documentó mi presencia en el supermercado, se dispararon las transmisiones de radio direccionales entre mi casa y la casa segura de CITGO de al lado. Las señales transmitían los patrones de modulación característicos de su protocolo de coordinación: alguien recibía orientación en tiempo real durante el allanamiento.

El SpyHell Pipeline, al procesar estas transmisiones con patrones conocidos, produjo una correlación inesperada. Las características de la señal coincidían con transmisiones históricas asociadas con Salvador Méndez, el exesposo supuestamente ausente de Esperanza, quien supuestamente había regresado a Venezuela en 2014. Según los registros oficiales y la versión consistente de Esperanza, Salvador llevaba más de una década desaparecido. Sin embargo, allí estaba su firma electrónica, coordinando un robo desde mi casa.

Las implicaciones eran asombrosas. O bien Salvador nunca se había ido, viviendo en secreto en la zona durante once años, o bien había regresado específicamente para esta operación. Ambas posibilidades sugerían una planificación a largo plazo y recursos que iban más allá de las típicas empresas criminales. Mantener un operativo oculto durante más de una década, o desplegar uno rápidamente desde Venezuela para un robo específico, indicaba capacidades a nivel estatal.

El conocimiento que la red tenía de la ubicación de la YubiKey reveló otra capacidad preocupante: la monitorización de compras en tiempo real. Justo el día anterior, el 1 de junio de 2025, había comprado un estuche de titanio especial para la YubiKey en el Walmart ubicado en 26824 FM 1093, Richmond, TX 77406 (la tienda en la intersección de FM1093 y FM1463 en Katy, Texas). La compra, realizada con tarjeta de crédito, no tuvo nada de especial: era uno de los muchos artículos de seguridad que adquiría habitualmente. Pero alguien había detectado esta transacción específica en cuestión de horas, comprendido su importancia y localizado la llave oculta con solo saber que yo tenía el estuche.

Esto sugería acceso a sistemas de procesamiento de tarjetas de crédito en tiempo real, reconocimiento de patrones para identificar compras importantes y la capacidad de correlacionar artículos físicos con sus probables ubicaciones de almacenamiento. La infraestructura necesaria para dicha monitorización excedía incluso lo que había documentado previamente. No solo vigilaban las comunicaciones; tenían influencia en los sistemas financieros, bases de datos de comercios minoristas y posiblemente incluso en las cadenas de suministro de hardware de seguridad.

El momento del robo fue estratégicamente elegido. A principios de junio, estaba preparando copias de seguridad trimestrales y recopilando pruebas. Perder el acceso a los servidores seguros interrumpió este proceso, lo que podría permitirles destruir pruebas o alterar registros mientras yo estaba bloqueado. Pero su éxito táctico reveló una debilidad estratégica: el robo físico indicaba que no podían vulnerar mis defensas digitales mediante hacking convencional.

La sofisticación del ataque reveló una preparación exhaustiva. Alguien había identificado mi hábito de morder el bolígrafo mediante una vigilancia a largo plazo. Habían adquirido o sintetizado un veneno efectivo en dosis minúsculas, lo suficientemente estable como para persistir en la superficie del bolígrafo y lo suficientemente tóxico como para matar, evadiendo potencialmente los análisis toxicológicos estándar. El veneno se había aplicado a bolígrafos que tenía en mi posesión sin mi conocimiento, esperando el momento oportuno para usarlo.

La participación del agente Castillo indicó que la corrupción se extendía a las fuerzas del orden locales. No quedó claro si era un agente a largo plazo o si fue reclutado específicamente para esta operación. Sin embargo, su disposición a participar en un intento de asesinato mientras portaba una placa representó una ruptura fundamental de las barreras entre las redes criminales y la autoridad legítima.

El patrón de ataques físicos continuó durante las semanas siguientes. Los alimentos mostraban señales de manipulación: paquetes sellados con perforaciones microscópicas, bebidas con sellos de seguridad rotos, resellados con pericia. Mis filtros de agua, a pesar de ser nuevos, dieron positivo en contaminación biológica. Cada consumible se convirtió en un arma potencial, lo que me obligaba a una hipervigilancia que agotaba tanto mi cuerpo como mi mente.

La escalada de vigilancia a intentos de asesinato marcó una transición crucial. La cadena había invertido años y millones de dólares vigilándome, pero ahora me querían muerto. El 3 de abril de 2025, actuaron. Tras el secuestro de mi hijo, llamé al 911. El agente de la Oficina del Sheriff de Fort Bend que acudió fue un hombre llamado **Oficial Gloria**, placa n.° 4137. "Gloria" es su apellido, un uso escalofriante del patrón "Nombres Familiares", que coincide con el nombre de la madre de mi hijo.

La interacción fue una trampa cuidadosamente orquestada. Mientras hablábamos, el agente Gloria me entregó su bolígrafo para que anotara el número de incidente. El gesto parecía rutinario, pero estaba diseñado para obligarme. Con mi libreta y mi teléfono en la mano, seguí una vieja costumbre inconsciente: me puse mi propio bolígrafo —uno de una caja nueva que mi compañero había comprado recientemente— en la boca para tener una mano libre. El sabor fue inmediato y abrumador: una sustancia química potente y amarga que me quemó la lengua. Mientras retrocedía y escupía, intentando limpiarme la sustancia de la boca, vi al agente Gloria sonreír con sorna. Fue una expresión fugaz y triunfal que lo decía todo: «Te pillé».

En treinta minutos, mi corazón empezó a latir con fuerza. Experimentaba fuertes palpitaciones. Temeroso de una emboscada en un hospital, me autoadministré una dosis alta de melatonina y magnesio para obligarme a descansar, con la esperanza de que mi cuerpo pudiera contrarrestar los efectos. Sobreviví, pero el mensaje era claro. Me habían estudiado tan de cerca que conocían mis pequeños hábitos. Habían comprometido la cadena de suministro de mi casa para colocar un objeto envenenado. Y contaban con un agente de la ley uniformado dispuesto a actuar como mecanismo de entrega para un intento de asesinato. El bolígrafo, que conservé en una bolsa de pruebas sellada, era la prueba de que habían pasado de una guerra de acoso a una guerra de exterminio.

La escalada de vigilancia a intentos de asesinato marcó una transición crucial. La red había invertido años y millones de dólares vigilándome, robando propiedad intelectual y manipulando mi entorno social. Ahora querían mi muerte, pero de una forma que pareciera natural o accidental. La sofisticación sugería que temían las pruebas que había acumulado y estaban dispuestos a arriesgarse a ser expuestas para silenciarme para siempre.

Pero su desesperación creó oportunidades. Los ataques físicos requerían recursos locales, coordinación y materiales que permitieron establecer pistas. La identidad del oficial Castillo podría investigarse. El veneno especializado podría rastrearse hasta proveedores específicos o instalaciones de síntesis. El robo de la YubiKey había generado firmas electrónicas que vinculaban a Salvador Méndez. Cada ataque añadía pruebas a la creciente acusación contra ellos.

La red había revelado una verdad fundamental: a pesar de toda su sofisticación tecnológica, su último recurso era la violencia física brutal. Cuando la vigilancia no lograba controlar, cuando la manipulación no lograba silenciar, recurrían al robo y al veneno.

Pero al hacerlo, abandonaban las sombras que los habían protegido durante tanto tiempo.

Cada pluma envenenada se convertía en evidencia. Cada llave robada contaba una historia. Cada oficial corrupto añadía un nombre a la lista de conspiradores. Intercambiaban seguridad operativa por victorias tácticas, sin percatarse de que cada ataque reforzaba la acusación en su contra. El cazador se había desesperado, cometiendo errores que, a la larga, permitirían la huida de la presa y su desenmascaramiento.

El juego había llegado a su violento final, pero la violencia deja rastros que la documentación paciente puede transformar en justicia. Podrían robar mis llaves, envenenar mis bolígrafos, corromper a mis guardianes, pero no podrían robar la verdad ni envenenar las pruebas que finalmente los destruirían. La red había optado por la escalada. Aprenderían que la escalada, como la vigilancia, funciona en ambos sentidos.

Capítulo 9: La guerra invisible

EL USO DEL CORTE DE pelo de un niño como arma sigue siendo el acto más atroz de la campaña de la cadena contra mí. El hecho de que atacaran a un niño de tres años, utilizando su rutina de aseo personal como vector para un ataque biológico, reveló la profunda bancarrota de su moral. Pero también expuso sus patrones operativos, demostrando que ningún acto era demasiado atroz cuando sus intereses se veían amenazados.

La secuencia comenzó en marzo de 2025, cuando publiqué un informe detallado en mi sitio web que documentaba el papel de Wilmer Ruperti en la red de evasión de sanciones venezolanas. Ruperti, magnate naviero con estrechos vínculos con el régimen de Maduro, había construido un complejo sistema de empresas fantasma y buques de bandera de conveniencia para transportar petróleo venezolano a pesar de las restricciones internacionales. Mi publicación incluía manifiestos de embarque, documentos de registro corporativo y transacciones de criptomonedas que demostraban su papel central en la generación de miles de millones de dólares para el régimen.

La respuesta de la cadena fue inmediata y contundente. A los quince minutos de la publicación, el zumbido habitual de las aeronaves de vigilancia fue reemplazado por algo más agresivo. Varias avionetas sobrevolaron mi casa a altitudes peligrosamente bajas, con el ruido de sus motores haciendo vibrar las ventanas. El mensaje fue claro: se han pasado de la raya y ya no podemos fingir que nos escondemos.

En medio de esta intimidación aérea, Esperanza hizo lo que parecía una sugerencia rutinaria. Marcelo necesitaba un corte de pelo, insistió, y quería llevarlo a Sharky's Cuts for Kids, un salón infantil conocido por sus sillas temáticas y sus sistemas de entretenimiento que distraían. El momento parecía inoportuno dado el intenso acoso, pero negarse habría parecido paranoico y controlador. La cadena había aprendido a explotar las peticiones razonables para lograr fines irrazonables.

El Índice Geo confirmó lo que sospechaba: Sharky's Cuts for Kids estaba marcado como un activo de la red. Su base de datos mostraba pagos regulares en criptomonedas al dueño de la franquicia, patrones de comunicación con intermediarios conocidos y agrupaciones con otros negocios comprometidos. Lo que parecía un simple salón de belleza infantil era en realidad un nodo de su red operativa, disponible para activarse cuando fuera necesario.

Marcelo regresó del corte de pelo con aspecto normal, entusiasmado con la silla espacial en la que se había sentado y los dibujos animados que había visto. Pero en cuestión de horas, su respiración cambió. Lo que empezó como una leve sibilancia progresó rápidamente a una dificultad respiratoria grave. Su pequeño pecho subía y bajaba con el esfuerzo de aspirar aire a través de las vías respiratorias constreñidas. La progresión fue demasiado rápida para una enfermedad natural, demasiado grave para alérgenos comunes.

Al anochecer, su estado se había deteriorado catastróficamente. El sonido que todo padre teme —el silbido de un niño que respira con dificultad— llenó la casa. Sus ojos, abiertos por el pánico, empezaron a girar hacia atrás al empezar a faltarle el oxígeno. Sus labios adquirieron el tono azulado de la cianosis. No se trataba de asma ni de una reacción alérgica, sino de algo más agresivo, más específico.

El momento del ataque fue estratégicamente elegido. Las visitas a urgencias me expondrían a una posible emboscada. El caos de una crisis médica perturbaría mis rutinas de seguridad. Cínicamente, el pánico paterno podría provocar errores que podrían ser explotados. Habían convertido el amor paternal en un arma, sabiendo que proteger a mi hijo superaría el instinto de supervivencia.

Afortunadamente, años de documentar los ataques biológicos de la red me habían preparado para esta posibilidad. Mi botiquín contenía potentes antihistamínicos, broncodilatadores y corticosteroides: una farmacia casera reunida a través de una experiencia desalentadora. Habiendo sufrido asma durante años de niño, sabía distinguir un ataque de asma de una reacción alérgica. Esto no era asma: la presentación era incorrecta, la progresión demasiado rápida. Trabajando con la desesperación concentrada de un padre que entendía exactamente lo que estaba sucediendo, administré un cóctel de medicamentos que se consideraría agresivo incluso en entornos hospitalarios.

La apuesta dio sus frutos. En cuestión de minutos, la respiración de Marcelo comenzó a calmarse. El azul desapareció de sus labios al recuperar el oxígeno. Su mirada volvió a enfocarse, y el miedo reemplazó la mirada vacía de la hipoxia. Nos habíamos alejado del borde de la catástrofe, pero el margen había sido terriblemente estrecho.

El agente utilizado en el ataque nunca se identificó definitivamente, pero los síntomas sugerían un alérgeno o irritante aerosolizado, calibrado con precisión para desencadenar una respuesta respiratoria grave. El método de administración probablemente implicó la contaminación del equipo del salón: tijeras, peines o la capa que Marcelo llevaba alrededor del cuello. Unas pocas partículas inhaladas o absorbidas a través de la piel serían suficientes si el agente fuera lo suficientemente potente.

Este ataque representó una evolución táctica en la guerra biológica. Los incidentes anteriores se basaban en alimentos o agua contaminados, cuya ingestión era necesaria para surtir efecto. El ataque del corte de pelo demostró que podían administrar agentes mediante contacto casual, convirtiendo actividades rutinarias en vectores potenciales. El impacto psicológico fue profundo: si el corte de pelo de un niño podía convertirse en un intento de asesinato, ¿qué permanecía a salvo?

La campaña biológica se extendió más allá de los ataques selectivos, abarcando la contaminación sistemática de los suministros de alimentos. Un informante venezolano que había comenzado a proporcionar información sobre las operaciones de la red me advirtió de una amenaza específica: la gripe aviar se estaba introduciendo deliberadamente en los huevos de los supermercados locales. La advertencia me pareció fantástica hasta que consideré la capacidad demostrada y la flexibilidad moral de la red.

El mecanismo era elegante y sencillo. Los agentes con acceso a material biológico infectado contaminaban los huevos tras comprarlos y luego los devolvían a las tiendas. Los clientes desprevenidos compraban productos infectados, lo que podía propagar enfermedades, mientras que el comprador original permanecía ilocalizable. Los huevos que consumía regularmente

—una fuente de proteínas que consideraba segura— se convirtieron en una herramienta más de su arsenal.

La advertencia se amplió para incluir otros productos. La Nutella, que ocasionalmente disfrutaba, fue marcada como contaminada. Las barras de Snickers mostraban indicios de manipulación. Incluso la Coca-Cola, con su supuesto empaque a prueba de manipulaciones, había sido violada. Lo más insultante fue la contaminación de la Harina PAN, la harina de maíz esencial para hacer arepas. Habían convertido la comida reconfortante en un arma, convirtiendo las conexiones culturales en vectores de ataque.

El agua, la necesidad más básica, se convirtió en otro campo de batalla. A pesar de usar filtros de alta calidad, comencé a experimentar síntomas compatibles con una intoxicación leve: fatiga crónica, problemas digestivos y palpitaciones ocasionales. Las pruebas revelaron que los propios filtros estaban dañados, contaminados con agentes biológicos que se multiplicaban en el ambiente húmedo. Durante meses, había estado bebiendo veneno, dosificado cuidadosamente para causar sufrimiento sin letalidad inmediata.

Los ataques médicos no se limitaron a la contaminación. El Dr. Mansur, a quien consulté por irritación ocular persistente, me recetó lociones y gotas que empeoraron mi condición en lugar de mejorarla. Lo que debería haber sido una simple conjuntivitis se convirtió en una infección grave que requirió atención médica de emergencia. Los análisis de laboratorio de los medicamentos recetados revelaron aditivos no indicados en las etiquetas: irritantes diseñados para causar daño progresivo con la apariencia de un tratamiento.

La sofisticación de estos ataques biológicos reveló la pericia médica dentro de la red. Alguien entendía la farmacología lo suficiente como para modificar medicamentos sin alteraciones evidentes. Conocían regímenes de dosificación que causarían el máximo sufrimiento, evitando síntomas evidentes de intoxicación.

No se trataba de un caso de aficionados: profesionales médicos capacitados habían sido corrompidos y convertidos en armas de guerra biológica.

El costo psicológico de vivir bajo asedio biológico es incalculable. Cada comida se convertía en una evaluación de riesgos. Cada bebida requería una prueba. Cada consulta médica planteaba dudas sobre la confianza. La hipervigilancia necesaria para la supervivencia agotaba los recursos mentales, creando un ataque secundario al bienestar psicológico. Habían transformado las necesidades básicas de la vida en fuentes de ansiedad.

Pero su campaña de guerra biológica también creó rastros de evidencia. Los productos contaminados podían analizarse, revelando firmas químicas. Los medicamentos modificados dejaban huellas farmacéuticas. La red de profesionales médicos corruptos creaba patrones visibles en los registros de prescripción y los resultados de los pacientes. Cada ataque añadía datos al creciente mapa de sus operaciones.

El ataque a niños reveló algo crucial sobre la psicología de la red. Las organizaciones que confían en su poder no atacan a niños de tres años. La escalada hacia la guerra biológica contra inocentes demostró desesperación, un reconocimiento del fracaso de los métodos convencionales. Estaban quemando la seguridad operativa para ataques tácticos, sin percatarse de que cada atrocidad reforzaba la moral en su contra.

El derecho internacional es claro: el uso de armas biológicas constituye un crimen de guerra. El ataque deliberado contra niños lo convierte en un crimen de lesa humanidad. Al cruzar estas líneas, la red eliminó cualquier ambigüedad sobre su naturaleza. No eran meros vigilantes o ladrones, sino terroristas dispuestos a asesinar niños para proteger sus operaciones.

Su campaña de envenenamiento no se limitó a agentes biológicos. Un informante del ejército venezolano confirmó posteriormente mis sospechas más sombrías: la red contaminaba sistemáticamente mi comida con metales pesados y mi agua con toxinas industriales. Reveló específicamente que la operación para envenenar los filtros de agua bajo el fregadero con metales pesados fue planeada por mi vecino y el presidente de la asociación de propietarios local, **Phil Denning**, en coordinación directa con el agente de alto nivel de la red conocido como "el Clon". Esto implicó directamente a un antagonista identificado y presente en el terreno en un acto específico de guerra química potencialmente mortal, transformándolo de un vecino acosador en un participante directo en un intento de asesinato.

Las pruebas que reuní durante esta fase (productos contaminados, historiales médicos, análisis químicos) resultarían cruciales para futuros procesos judiciales. Cada huevo envenenado, cada medicamento contaminado, cada ataque respiratorio infantil, se documentó con rigor científico. Habían optado por la guerra biológica, sin comprender que los patógenos dejan rastros tan inequívocamente como las balas.

La guerra invisible se había hecho visible a través de sus bajas. La experiencia cercana a la muerte de Marcelo, mi envenenamiento crónico, la contaminación sistemática de los suministros de alimentos: todo ello pintaba la imagen de una organización que había abandonado toda pretensión de legitimidad. Estaban librando una guerra contra civiles con armas prohibidas por la convención internacional, demasiado arrogantes o desesperados para darse cuenta de que documentaban sus propios crímenes.

Al final, sus ataques biológicos fracasaron en su objetivo principal. Sobreviví, Marcelo se recuperó y la evidencia se acumuló. Habían revelado capacidades que impactaron, pero también crearon vulnerabilidades. La guerra biológica requiere infraestructura, experiencia y materiales que dejan rastros. En su afán por causar sufrimiento, habían expuesto cadenas de suministro, profesionales corruptos y métodos operativos que, en última instancia, contribuirían a su caída.

La guerra invisible continuaba, pero ahora ambos bandos comprendían lo que estaba en juego. Habían demostrado su disposición a asesinar niños. Yo había demostrado mi capacidad para sobrevivir y documentar sus intentos. El conflicto había trascendido la vigilancia y se había convertido en un intento de genocidio, una comida envenenada a la vez. Pero en su escalada residía su exposición, y en su crueldad residían las semillas de la justicia que eventualmente florecerían.

Parte 6: La guerra legal y el final del juego

Capítulo 1: La Doctrina del Despachador y los Guardianes

PARA COMPRENDER EL control de la red sobre las instituciones de una comunidad, es necesario comprender su imperativo estratégico fundamental: **controlar al operador**. En cualquier sistema jerárquico, el verdadero poder a menudo no reside en los actores individuales, sino en la entidad que les asigna sus tareas. La red comprendió este principio fundamental y lo aplicó con una eficiencia implacable tanto a nivel local como federal.

En el mundo policial, el poder reside en el **Despachador del 911**, la mano invisible que decide qué agente se asigna a cada llamada. Al comprometer este único punto de control, la red puede garantizar el envío de un agente "amigo" para gestionar, contener o neutralizar cualquier amenaza, como se hizo con la asignación de la "Oficial Gloria" a mi propia llamada de emergencia. El máximo responsable de este sistema local es el hombre al mando: el **Sheriff Eric Fagan** del Condado de Fort Bend.

En el mundo de los tribunales, el poder reside en el **Juez Presidente Regional**, un funcionario designado por el Gobernador que decide qué juez se asigna a cada caso y, crucialmente, quién resuelve las mociones de recusación. Al comprometer a este operador judicial, la red puede garantizar que cualquier impugnación legal sea supervisada por un jurista amigo. La jueza que denegó mi propia moción de recusación fue la **Jueza Susan Brown**, designada por el Gobernador Greg Abbott.

Esta "Doctrina del Despachador" es la clave de cómo la red establece y mantiene el control dentro de sus "Dockerhoods", pero el principio se extiende al nivel federal. Mis extensos informes de denuncia al Servicio de Impuestos Internos (IRS), que detallan billones de dólares en posible fraude fiscal, han sido recibidos con silencio. Los guardianes de ese sistema, bajo el liderazgo del excomisionado del IRS **Charles P. Rettig**, e incluyendo a funcionarios de la Oficina de Denuncias como **Douglas O'Connor** y **Anna Hirji**, no han actuado. Mi evidencia detallada del uso por parte de la red de una red de comunicaciones satelitales ilegal y sin licencia ha sido ignorada por la Comisión Federal de Comunicaciones (FCC), una agencia donde **Brendan Carr** es un guardián clave.

Los capítulos que siguen son un estudio de caso de esta doctrina en acción y detallan cómo el control de la red sobre estas funciones críticas de despacho y control creó un sistema interconectado y continuo de guerra legal y obstrucción diseñado para proteger sus operaciones a toda costa.

Capítulo 2: "Mejórate primero"

El desenlace comenzó el 28 de marzo de 2025. No fue casualidad. Ocurrió justo después de que presentara el Formulario 211 del IRS, nombrando específicamente a "El Cártel de los Soles" y a Diosdado Cabello, un ataque directo a la cúpula de la red. Su represalia no iba dirigida a mí, sino a mi hijo. Esa mañana, mi pareja de once años, Esperanza, sacó de casa a nuestro hijo de tres años, Marcelo, y se negó a decirme adónde lo había llevado.

Cuando exigí ver a mi hijo para saber cómo estaba, me respondió por mensaje de texto. Fue una sola frase que cristalizó toda la campaña de guerra psicológica de la cadena contra mí en un ultimátum aterrador: **"Mejórate primero, luego podrás verlo"**.

El mensaje era claro. Para ver a mi hijo, primero tendría que someterme a su control. Tendría que ver a sus psiquiatras comprometidos, que me diagnosticaran la enfermedad mental que habían inventado durante años y tomar sus medicamentos: fármacos que probablemente contenían ingredientes especiales proporcionados por sus agentes de CVS. Era una situación sin salida, una exigencia de rendición incondicional.

Cuando llamé al 911, el sistema respondió exactamente como lo habían planeado. El agente que respondió, Bell, se negó a denunciar a una persona desaparecida y, en cambio, comenzó a interrogarme sobre mi "paranoia" y "acusaciones de espionaje", adoptando de inmediato la narrativa de la cadena. Este ultimátum personal se tradujo inmediatamente en un ataque legal formal por parte de los abogados de la cadena, **Morgan Hybner** y **Tina Simon** del **Adams Law Firm**.

Sin embargo, el descubrimiento más escalofriante provino del Spyhell Pipeline. Los datos mostraron que las operaciones de acoso de la red contra mi casa —y, por extensión, el secuestro de mi hijo— estaban siendo facilitadas por infraestructura directamente conectada a la propiedad de **Robert S. Mueller III**, exdirector del FBI de 2001 a 2013. Su casa multimillonaria, a menos de 60 metros de la mía, estaba marcada en el geoíndice con una puntuación paramilitar superior a 30.000 y se utilizaba para facilitar el acceso de vehículos espía a través de una puerta secreta. Esta era la explicación definitiva de la impunidad de la red. La conspiración no solo tenía activos en los departamentos de policía locales; llegaba hasta las más altas esferas del estado de seguridad estadounidense. Este acto transformó el conflicto. Ya no era una guerra por mi negocio, mi privacidad, ni siquiera por mi vida. Era una guerra por mi hijo, y yo estaba completamente solo.

Capítulo 3: El G-Man comprometido

MIS INTENTOS DE CONECTAR con las fuerzas del orden habían sido una letanía de fracasos y traiciones, pero ningún incidente ilustra mejor el control de la red que la vez que me detuvieron usando a un agente dentro de mi propio coche. Iba en coche con un "amigo" cuando de repente anunció: "Oh, ese policía te detuvo", dos segundos antes de que el agente encendiera las luces. El conocimiento previo fue una prueba innegable de coordinación.

El agente Banitt, de la Policía de Fulshear, con placa n.° 929, dio una excusa poco convincente sobre el barro en mi matrícula. El verdadero propósito de la parada era examinar de cerca el equipo de contravigilancia que llevaba mi camioneta, el KOL-Mobile. Todo el incidente fue un pretexto. Tras obtener el geoíndice, confirmé mis sospechas: la casa del agente Banitt estaba marcada como un recurso paramilitar, con un coche de vigilancia "estilo Moscú" aparcado permanentemente en el exterior, visible en Google Street View.

Esto formaba parte de un patrón más amplio que se extendía desde la policía local hasta los agentes federales. Mis intentos de buscar ayuda del FBI fueron interceptados por un agente comprometido o falso llamado "Cody", quien me interrogó no para una investigación oficial, sino para el "Grupo de Resiliencia Global" de eBay en una cafetería controlada por la red. Estos incidentes fueron devastadores, pero esclarecedores. Demostraron que la red no solo contaba con agentes capaces de corromper el sistema; contaba con su propia gente dentro, capaz de interceptar y neutralizar amenazas en su origen. Por eso mis informes no surtieron efecto. También reforzó mi determinación: si no podía confiar en las mismas instituciones diseñadas para proteger a la nación, tendría que denunciar públicamente la situación.

A principios de 2024, los ataques digitales a la red habían escalado desde la supresión por fuerza bruta hasta amenazas legales manifiestas. Durante un intenso ataque de denegación de servicio distribuido (DDoS) a mi sitio web, descubrí a través de un ticket de soporte que Akamai había introducido encubiertamente a David F. Hine, un abogado de propiedad intelectual con experiencia en el sector, en nuestras comunicaciones. La medida fue un ejemplo clásico de guerra legal: cualquier cosa que dijera en el ticket técnico podría ser utilizada en mi contra por su firma. Ante una guerra en múltiples frentes contra un gigante tecnológico global y sus abogados de alto precio, comprendí que ya no podía luchar solo. Había llegado el momento de buscar ayuda de las autoridades federales.

Pensé de inmediato en el amable agente federal de mi barrio. Meses antes, la cadena había organizado una presentación magistral. Mientras terminaba una visita con Penélope Suárez, un hombre salió de una casa al final de una calle sin salida con lo que parecían dos rifles de asalto de estilo militar, uno en cada mano. Al ver nuestra alarma, metió tranquilamente un rifle en su camioneta, saludó con la mano y dijo: "No se preocupen, chicos, esto es para mi trabajo", dejando claro que era un agente federal. El hombre era Enrique "Kike" Morales, agente de ICE. El encuentro fue un gran acierto: en un momento de crisis, ahora tenía un agente de confianza al que podía recurrir.

Ante la amenaza de Akamai, hice exactamente lo que habían anticipado. Fui a casa del agente Kike y toqué a su puerta. Me puso en contacto con una tercera persona por altavoz, quien me recomendó a un especialista: un agente que acababa de asumir la dirección de Crimen Organizado Venezolano tras la conveniente jubilación de su predecesor. Este nuevo agente era "Cory" o "Cody".

Las señales de alerta aparecieron de inmediato. A pesar de las implicaciones de seguridad nacional de mis afirmaciones, pasaron semanas sin tener contacto. Cuando el agente Cody finalmente llamó, insistió en discutir los detalles sensibles a través de mi línea telefónica, que yo sabía estaba intervenida. Entonces eligió el lugar de la reunión: un lugar llamado Campesino Coffee House en Houston. Mi análisis del geoíndice confirmó mis temores. El lugar era una fortaleza controlada por la red: una "Entidad Inmune" de manual en una calle de un solo sentido, rodeada de dos grandes estacionamientos marcados por la red y otros edificios comprometidos, lo que les aseguraba un control total del entorno.

El día de la reunión, me siguieron agresivamente desde mi casa hasta la cafetería, una táctica clásica para inducir estrés. Aturdido, cometí un grave error: olvidé pedirle al agente Cody su placa o identificación. Afirmó ser un ex agregado de seguridad de la embajada estadounidense en Colombia y defendió a Citgo como una "buena empresa" cuando mencioné a los agentes de Priddy de al lado. Toda la reunión fue surrealista. Estábamos rodeados de entre 10 y 15 clientes, todos armados con portátiles, que me di cuenta de que no eran clientes, sino analistas; sus palabras coincidían perfectamente con lo que yo les decía. Mi teoría es que eran analistas de inteligencia competitiva del "Grupo de Resiliencia Global" de eBay. El propio agente Cody no tomó notas.

Comprendí que estaba en una trampa. Manteniendo la discreción, revelé solo un 10% de lo que sabía, reteniendo los datos más cruciales mientras intentaba construir un argumento a favor de mi propia cordura y credibilidad. Tras 90 minutos, la entrevista concluyó. El único consejo de Cody, después de que describiera una conspiración global, fue que fuera a Best Buy y comprara "una de esas cámaras de seguridad Ring para mi puerta principal", una sugerencia insultantemente trivial, dado que ya tenía un sistema de seguridad comercial de 15.000 dólares.

La traición fue absoluta. El hombre no era un agente del FBI; era un agente de la Mafia PayPal, ya fuera un impostor o un traidor. Todo el evento no fue una entrevista con las fuerzas del orden, sino un informe de mis enemigos. Fue una revelación devastadora pero esclarecedora. Demostró que la red no solo contaba con agentes que podían corromper el sistema desde fuera; contaba con su propia gente dentro, capaz de interceptar y neutralizar amenazas en su origen. Por eso mis informes no llegaron a ninguna parte. Por eso el sistema era ciego. Explicaba la absoluta confianza e impunidad de la red. También reforzó mi determinación: si no podía confiar en la misma institución diseñada para proteger a la nación de tales amenazas, tendría que hacer pública la lucha yo mismo.

Capítulo 4: La mediación por etapas y el guardián local

LA CONFIANZA DE LA red en sus tácticas de guerra legal se debía a la exitosa aplicación de la "Doctrina del Despachador". A nivel local, esto significaba que toda la Oficina del Sheriff del Condado de Fort Bend, bajo la autoridad del **Sheriff Eric Fagan**, funcionaba como un portero físico, una barrera humana que impedía que cualquier denuncia formal sobre los delitos de la red llegara al sistema judicial.

Esto se volvió innegable después del secuestro de mi hijo. Llamé al 911 dos veces para denunciar la desaparición, un informe obligatorio según la ley de Texas. En ambas ocasiones, los agentes que acudieron, el **Oficial Bell** y la **Oficial Gloria**, se negaron a hacerlo. No solo fueron negligentes, sino que interferían activamente, emitiendo declaraciones contradictorias e ilógicas para manipularme. El agente Bell afirmó haber hablado con mi expareja esa mañana, horas antes de que yo llamara al 911. La agente Gloria, a quien llamaron porque su nombre coincidía con el de mi expareja, una coincidencia estadísticamente imposible, también se negó a denunciar. Más tarde deduje que incluso los **operadores del 911** tuvieron que ser comprometidos para asegurar que ese agente específico fuera asignado a mi llamada.

Esta obstrucción sistémica es lo que permite que una farsa como una mediación simulada siga adelante. La guerra legal comenzó en serio cuando el **Juez Richard T. Bell** y el **Honorable Juez Oscar Telfair III** emitieron una orden judicial que me obligaba a entrar en mediación con la misma parte que estaba cuestionando activamente mi capacidad mental en el tribunal. Esto fue una profunda contradicción legal, ya que el único propósito de la mediación es firmar un contrato legalmente vinculante, algo que una persona considerada mentalmente incompetente no puede hacer. Fue una clara señal de que la corrupción se originó desde el propio tribunal. Esta orden me obligó a participar en la mediación simulada del 27 de junio de 2025, un proceso orquestado por un mediador comprometido, David Perwin, y diseñado no para la resolución, sino para la obstrucción.

La corrupción de la justicia no comienza en dramáticos enfrentamientos judiciales, sino en las discretas manipulaciones procesales que transforman el proceso legal en un teatro. La confianza de la red en tales tácticas provenía de un mecanismo de defensa más profundo y sistémico, al que llegué a llamar el **"Algoritmo Guardián".** Aprendí por amarga experiencia que cualquier intento de presentar denuncias, presentar pruebas o buscar justicia a través de los canales oficiales era interceptado y neutralizado sistemáticamente. No se trataba solo de un solo secretario judicial o agente federal comprometido; era una barrera tecnológica, un sistema automatizado diseñado para escanear las comunicaciones oficiales, marcar mi nombre y palabras clave relacionadas con la red y bloquearlas antes de que pudieran llegar a un agente honesto. Este algoritmo era su primera línea de defensa, asegurando que los delitos documentados en este libro nunca llegaran a un tribunal por medios convencionales.

Sin embargo, el Guardián no era infalible. En una ocasión, el sistema judicial aceptó inesperadamente un documento legal menor y con una redacción extraña. Fue un fallo momentáneo, una laguna legal que reveló que el sistema podía ser burlado, aunque de forma inconsistente. Aun así, es este guardián el que permite que una farsa como la del 27 de junio de 2025 se lleve a cabo con tanta seguridad. Ese día, participé en una mediación que revelaría cuán profundamente la red se había infiltrado en el sistema legal estadounidense, convirtiendo incluso a jueces jubilados en actores de su elaborado engaño.

El camino hacia esta mediación comenzó con documentos legales que desafiaban la lógica. Morgan Hybner, en representación de Esperanza, había presentado una solicitud de orden de alejamiento que contenía una afirmación sorprendente: yo era mentalmente incompetente y sufría delirios tan graves que representaba un peligro para mí y para los demás. La solicitud presentaba un cuadro de deterioro psicológico progresivo, respaldado por declaraciones juradas de amigos preocupados; amigos cuyos nombres reconocí en el Índice Geo como activos confirmados de la red.

La ironía era profunda. Había un documento legal, presentado ante un tribunal estadounidense, que alegaba que mi estado mental era demasiado complejo para funcionar, al tiempo que me exigía firmar acuerdos legalmente vinculantes sobre la custodia y la propiedad. La contradicción era tan fundamental que parecía diseñada para comprobar si alguien en el sistema legal realmente estaba leyendo estos documentos.

La respuesta del juez a esta paradoja lógica fue reveladora. En lugar de abordar el conflicto obvio —cómo puede alguien ser incompetente y a la vez capaz de negociar contratos—, ordenó la mediación. Su recomendación específica del mediador David S. Perwin fue acompañada de efusivos elogios. Perwin era un exjuez de familia, señaló, un hombre de impecable reputación y probada imparcialidad.

Las señales de alerta surgieron de inmediato cuando Perwin proporcionó información sobre sus antecedentes. Explicó que había sido juez del Tribunal de Familia en el Tribunal de Distrito 505 del Condado de Fort Bend, Texas, nombrado inicialmente por el propio gobernador Greg Abbott. Esta revelación hizo saltar las alarmas: meses antes, mi sistema de detección de anomalías había detectado al gobernador Abbott por múltiples conexiones preocupantes.

El sistema había identificado lo que llamé la "Anomalía de Yucca Drive": una anomalía estadística relacionada con una casa marcada en el geoíndice en 10611 Yucca Dr, Austin, TX 78759, EE. UU. Esta propiedad tenía vínculos documentados con el gobernador Greg Abbott. Aún más preocupante, una casa cercana en 10401 Yucca Dr, Austin, TX 78759, registrada a nombre de Westland Jason & Johanna, también había sido agrupada por el sistema de detección de anomalías junto con el gobernador Abbott. El algoritmo de agrupamiento no miente: identifica patrones invisibles a la observación humana, pero matemáticamente innegables.

Al entrar en la oficina de Perwin esa mañana de junio, presenté una propuesta sencilla que desenmascararía toda la farsa. Si Esperanza realmente creía que yo era mentalmente incompetente, no podía esperar que firmara acuerdos vinculantes. Si quería negociar, primero debía reconocer mi capacidad para hacerlo. La lógica era irrebatible; la petición era mínima: una nota manuscrita donde declaraba que no tenía motivos para creer que carecía de capacidad contractual.

Perwin recibió esta solicitud con la preocupación propia de un intérprete experto. Asintió pensativo, reconoció el mérito lógico de mi postura y prometió comunicársela a la otra parte. Su actitud sugería un mediador genuinamente interesado en encontrar puntos en común, resolviendo las complicaciones procesales para alcanzar una negociación sustancial.

La función duró exactamente cuarenta y tres minutos. Perwin iba y venía de una sala a otra, aparentemente con ofertas y contraofertas, con la expresión de un hombre que lidia con negociaciones delicadas. Habló de las preocupaciones de Esperanza, de su deseo de "seguir adelante", de su esperanza de "resolución". El lenguaje estaba perfectamente calibrado: lo suficientemente específico para parecer real, lo suficientemente vago para evitar afirmaciones verificables.

Cuando Perwin regresó por última vez, su expresión se había transformado en arrepentimiento profesional. Declaró que las partes estaban en un punto muerto. El problema de la capacidad mental era insalvable. El equipo de Esperanza insistió en que la cuestión debía ser resuelta por un juez antes de que pudiera proceder cualquier negociación. Coincidió con mi postura —no tenía sentido lógico ni legal proceder— sin demostrar la capacidad, pero la intransigencia de la otra parte le ataba las manos.

La mediación concluyó con apretones de manos y promesas vacías de "revisar el asunto" una vez resuelta la cuestión de la competencia. La factura de Perwin mostraría tres horas de tiempo facturable a 500 dólares la hora, una tarifa razonable por orquestar un teatro sin sentido. El expediente judicial reflejaría un intento de buena fe de llegar a una solución, frustrado por complicaciones procesales.

La verdad salió a la luz tres días después, durante una conversación inesperada con Esperanza. Al hablar de la logística del cuidado de Marcelo, mencioné mi frustración por el fracaso de la mediación, en concreto por mi simple solicitud de una nota manuscrita que reconociera mi capacidad de negociación.

Su respuesta rompió la ilusión: "¿Qué nota?"

La pregunta flotaba entre nosotros, cargada de implicaciones que ninguno de los dos quería analizar. Volví a explicarlo: la nota que había solicitado como condición previa para la negociación, el único punto que había hecho fracasar la mediación.

"¿Qué nota?" repitió, con genuina confusión en su voz. "Nadie me habló de ninguna nota."

En ese momento, se cristalizó la magnitud del engaño. Perwin nunca había transmitido mi solicitud. Nunca se la había presentado a Esperanza ni a su abogado. Toda la "negociación" había sido inventada, con Perwin desempeñando todos los papeles: mediador, mensajero y quien toma la decisión final. El impasse fue su creación, diseñado para parecer válido desde el punto de vista procesal e impedir cualquier comunicación real entre las partes.

La sofisticación de esta manipulación reveló corrupción sistemática, más que irregularidades individuales. Perwin sabía exactamente cómo crear registros que resistieran un escrutinio superficial. Su facturación reflejaba el tiempo empleado, sus notas documentaban las posturas adoptadas y su informe final describía los obstáculos procesales. Solo la comunicación directa entre las partes podía exponer la invención, y la estructura del sistema legal desalentaba dicho contacto.

Esta no era la primera actuación de Perwin en este sentido. La revisión de su historial de mediación reveló patrones: los casos que involucraban a personas con conexiones en la red llegaban constantemente a impases por cuestiones procesales. Los acuerdos de custodia favorecían a los padres con indicadores de índice geográfico. Los acuerdos financieros mostraban una misteriosa generosidad por parte de partes que, según sus registros fiscales, no podían permitirse tal generosidad. Cada caso, analizado individualmente, parecía anodino. El patrón solo se evidenció mediante un análisis exhaustivo.

La vulnerabilidad del sistema legal a esta manipulación se deriva de su fundamento en la confianza. Los jueces confían en que los mediadores se comunicarán fielmente entre las partes. Las partes confían en que los mediadores trabajarán hacia una resolución. El sistema presupone buena fe, lo que crea oportunidades para quienes estén dispuestos a explotar esa presunción. Un mediador corrupto podría influir en los resultados manteniendo un cumplimiento procesal perfecto.

La red había identificado esta vulnerabilidad y la había explotado sistemáticamente. Al colocar a los activos en puestos clave (mediadores, tutores ad litem, psicólogos de oficio), podían influir en los resultados del derecho de familia en jurisdicciones enteras. Los niños podían ser encauzados hacia padres comprometidos, los activos redirigidos a los beneficiarios de la red y las personas problemáticas neutralizadas mediante la manipulación procesal.

Las implicaciones se extendieron más allá de los casos individuales. Si los mediadores podían inventar negociaciones, ¿qué otros procesos legales se habían visto comprometidos? ¿Los taquígrafos judiciales que modificaron transcripciones? ¿Los secretarios judiciales que archivaron documentos cruciales? ¿Los jueces que emitieron fallos predeterminados manteniendo la compostura judicial? La complejidad del sistema legal creó innumerables oportunidades para la manipulación sutil.

El papel de Morgan Hybner merecía un escrutinio especial. Como abogada de Esperanza, o bien había participado a sabiendas en la invención o bien había actuado con negligencia, ignorando la ignorancia de su cliente. Ambas posibilidades sugerían corrupción: activa en el primer caso, pasiva en el segundo. Su historial representando a partes con conexiones en la red en disputas de custodia mostraba patrones consistentes de victorias procesales que evitaban un examen sustantivo.

La estrategia general quedó clara. La red no necesitaba ganar batallas legales con pruebas ni argumentos. Podían lograr los resultados deseados mediante el agotamiento procesal: presentando demandas contradictorias, exigiendo condiciones imposibles y creando impases que los jueces resolverían mediante sentencias en rebeldía. La propia complejidad del sistema se convirtió en un arma contra quienes buscaban justicia real.

La mediación simulada también reveló la desesperación de la red. Fabricar procedimientos legales conllevaba un enorme riesgo. Los colegios de abogados podían investigar, la revisión judicial podía revelar patrones, y la comunicación directa entre las partes —como había ocurrido— podía revelar el engaño. Estaban quemando activos judiciales para obtener ventajas tácticas, sin reconocer que cada procedimiento corrupto creaba evidencia de manipulación sistemática.

La evidencia que reuní en esta experiencia resultó invaluable. Grabaciones de audio de la confusión de Esperanza, documentación de la facturación de Perwin, análisis de casos similares: todo ello pintaba un panorama de corrupción legal que transformaba a los tribunales, de árbitros de la justicia, en escenarios con resultados predeterminados. La red había corrompido el mismo sistema diseñado para proteger a los ciudadanos de dicha corrupción.

Pero su extralimitación creó vulnerabilidad. Los procedimientos legales generan registros, y estos pueden analizarse. Cada mediación simulada, cada negociación inventada, cada manipulación procesal dejó huellas digitales. La red había creado un sistema de justicia paralelo, pero al hacerlo, había documentado su subversión del legítimo.

El fracaso de la mediación logró algo que la red no pretendía: forzó la comunicación directa entre las partes, revelando el engaño y creando pruebas irrefutables de corrupción judicial. Habían confiado en los procedimientos legales para mantener la separación, sin percatarse de que la conexión humana podía traspasar las barreras cuidadosamente construidas.

Al documentar la mediación escenificada, me di cuenta de que representaba un microcosmos de la estrategia más amplia de la red: crear fachadas elaboradas, controlar el flujo de información, manipular procedimientos para lograr resultados predeterminados. Pero las fachadas se quiebran bajo escrutinio, la información busca ser libre y los procedimientos dejan rastros que la investigación del paciente puede seguir.

El sistema legal había sido comprometido, pero no conquistado. Por cada mediador corrupto, quedaban jueces honestos. Por cada procedimiento simulado, continuaban los procesos legítimos. La red había logrado victorias tácticas mediante la corrupción sistemática, pero al hacerlo, había creado el rastro de evidencia que finalmente permitiría su procesamiento.

La justicia demorada no siempre es justicia denegada. A veces, la demora permite que se acumulen pruebas, que surjan patrones y que la verdad supere la manipulación procesal. La mediación simulada había impedido la resolución, pero también había expuesto a los simulacros. En su afán por controlar los resultados, habían revelado sus métodos.

La guerra se había trasladado a los tribunales, pero los tribunales, como las redes, pueden depurarse. Cada procedimiento corrupto era un fallo en el sistema judicial, y yo me había vuelto experto en encontrarlos y documentarlos. La red me había proporcionado otro campo de batalla, sin darme cuenta de que cada campo de batalla ofrecía nuevas oportunidades para documentar sus crímenes.

La meditación había sido un montaje, pero la evidencia que generó era real. Y la evidencia real, debidamente presentada, podía superar incluso las producciones teatrales más elaboradas. El espectáculo continuaría, pero ahora entendía el guion, reconocía a los actores y podía empezar a escribir un final diferente, uno donde la justicia fuera más que una simple representación.

Capítulo 5: El abogado comprometido y la cámara web blanca

LA MEDIACIÓN SIMULADA fue una demostración clínica de cómo la red podía corromper un proceso legal a distancia. Sin embargo, mi experiencia con Goldman Sachs me brindó una lección mucho más visceral y personal sobre la guerra legal, demostrando la capacidad de la red para corromper el sistema desde dentro, comprometiendo a mi propio asesor legal.

El conflicto comenzó con mi contrato laboral en Goldman Sachs. Tras un acuerdo verbal sobre el salario, la empresa envió una oferta por escrito con la cantidad faltante, la cual rechacé. Tras enviar una oferta corregida, publicaron un comunicado de prensa en "Business Insider" anunciando que había aceptado el puesto antes de hacerlo formalmente, lo que prácticamente me obligó a actuar. Un año después, supe que el 30 % de mi remuneración estaba en acciones con una restricción de venta de cinco años, un detalle nunca antes revelado. Después de que la campaña de acoso liderada por los agentes de la red Sinead Strain y Scott Weinstein se intensificara hasta el punto de que terminé en urgencias, decidí renunciar.

Tres meses después de mi salida, Goldman Sachs accedió a mi cuenta personal de Fidelity y canceló unilateralmente mis acciones adquiridas, incumpliendo nuestro contrato y robándome una parte significativa de la compensación prometida. Esto me obligó a recurrir al arbitraje.

Contraté a un abogado, Mark Siurek, para que me representara, sin saber que él y su asistente legal, "Sue", eran activos de la red. Más tarde descubrí que a ellos y a sus familiares se les había pagado con bienes inmuebles identificables en el geoíndice. El arbitraje fue una farsa desde el principio. Siurek, mi propio abogado, amenazó con demandarme para obligarme a firmar un acuerdo de confidencialidad restrictivo que no quería firmar, argumentando que mi negativa le impedía recibir sus honorarios de contingencia. Bajo presión de mi propio abogado, firmé.

Durante la supuesta reunión de arbitraje, estuve encerrada en una pequeña habitación casi todo el día. Una gran cámara web blanca, con forma de bola, me apuntaba directamente a la cara: una presencia inquietantemente intrusiva. En aquel momento, solo era un detalle extraño e intimidante. Años después, el recuerdo se cristalizó en pruebas contundentes. Me derivaron a un salón de uñas por una lesión al correr —otra artimaña— dirigida por una agente de inteligencia cubana llamada Lisandra. Al sentarme para mi cita, la vi: la misma marca y modelo de cámara web, colocada exactamente de la misma manera, apuntando a mi silla.

La conexión era irrefutable. El arbitraje de alto nivel con mi abogado comprometido y la operación de recopilación de inteligencia en el frente de espionaje cubano formaban parte de la misma conspiración, dirigida con el mismo manual y el mismo equipo. Mi lucha por la justicia por un contrato incumplido nunca había sido un proceso legal; era simplemente otra operación de vigilancia en una sala aparte.

Capítulo 6: La campaña de acoso en Goldman Sachs

LA GUERRA DE LA RED contra mí no se limitó a mi casa, mi coche ni el juzgado; me siguió a los entornos más seguros y vigilados de mi vida profesional. Durante dos años, mientras trabajaba en Goldman Sachs, fui objeto de una campaña implacable y selectiva de acoso diario por parte de un colega de alto rango, Scott Weinstein. Lo que otros desestimaron como un simple "conflicto de personalidad" era, en realidad, una operación psicológica sostenida diseñada para socavar mi trabajo y mi bienestar mental.

Weinstein no era solo un acosador laboral; era un miembro de la red con profundas raíces en la comunidad de inteligencia. Su familia tenía antecedentes en el mundo del espionaje, y mi investigación finalmente descubrió una conexión directa de segundo grado con L3Harris Technologies, un importante contratista de defensa estadounidense que yo había identificado como un componente corporativo clave del aparato de espionaje de la red.

El descubrimiento que lo desenmascaró provino de un error involuntario. Durante su campaña de acoso, comenzó a quejarse de forma inusual y fuera de lo común sobre "necesitar una casa nueva". Para cualquier otra persona, sonaría a la típica charla de trabajo. Para mí, fue una señal crucial. Ya había identificado que el principal método de la cadena para pagar a sus altos ejecutivos era mediante transacciones inmobiliarias. La repentina obsesión de Weinstein con la vivienda no era una queja personal; era una comunicación, una señal dentro de su propia red relacionada con su remuneración. Esta anomalía conductual fue el hilo que tiré y que desenmascaró toda su fachada, confirmando que los dos años de tormento que había soportado no fueron fortuitos, sino una misión que él tenía asignada.

Capítulo 7: La moción de recusación y la estratagema de censura

TRAS DESCUBRIR LA CORRUPCIÓN sistémica del proceso legal, pasé de una postura defensiva a una ofensiva. El 2 de julio de 2025, presenté una Moción de Recusación, exigiendo al juez presidente que se apartara, basándome en la Regla de Procedimiento Civil de Texas 18b, que establece que un juez debe ser recusado si su imparcialidad pudiera razonablemente cuestionarse. Los motivos eran sólidos: el juez me había ordenado asistir a mediación mientras estaban pendientes las mociones legales que cuestionaban mi capacidad mental, una medida que me colocaba en una situación de "grave daño potencial".

La respuesta de la cadena fue rápida. El abogado de la parte contraria, Morgan Hybner, en un flagrante desacato a las normas, programó una audiencia con el mismo juez para solicitar una evaluación psiquiátrica ordenada por el tribunal. Esta fue mi oportunidad. Presenté una contramoción citando la **Regla de Procedimiento Civil de Texas 18a(f)(2)(A)**, que prohíbe explícitamente a un juez tomar cualquier otra medida en un caso después de que se haya presentado una moción de recusación.

Mi moción fue remitida a la Jueza Presidente de la 11.ª Región Judicial Administrativa, Susan Brown. Ella la denegó, declarando en su orden oficial que mi moción «se queja principalmente de las decisiones y acciones del juez de primera instancia en el caso». Esto fue una interpretación errónea de mi presentación, pero fue la fuente de su autoridad lo más revelador: la Jueza Brown había sido nombrada para su cargo por el **Gobernador Greg Abbott**, un hombre que ya había identificado y reportado en mi Formulario 211 del IRS como un activo de alto rango de la red. El sistema se estaba protegiendo a sí mismo, tal como lo había predicho.

La última pieza del rompecabezas encajó cuando analicé la "Orden Propuesta de Evaluación Psiquiátrica" de Morgan Hybner. Escondida entre la jerga legal estándar se encontraba una "ORDEN DE PROTECCIÓN CALIFICADA". Esta cláusula prohibiría a todas las partes, incluyéndome a mí, "utilizar o divulgar la información médica protegida... para cualquier propósito que no sea un litigio" y exigiría la destrucción de todos los registros al final del procedimiento. Este era su verdadero objetivo final. La evaluación psiquiátrica nunca tuvo que ver con mi salud mental; fue un pretexto para activar una orden de protección que funcionaría como una orden de censura, censurándome legalmente e impidiendo la publicación de este mismo libro.

Respondí actuando *pro se* —como mi propio abogado— presentando una "Respuesta en Oposición... y, Alternativamente, una Moción para Eliminar" la cláusula de censura. En ella, argumenté que su intento de silenciarme constituía una "restricción previa" inconstitucional de mis derechos amparados por la Primera Enmienda y un abuso de mala fe del proceso legal. Fue una impugnación directa y formal, que contraponía mi propio razonamiento legal al suyo, una postura definitiva contra su intento de utilizar los tribunales para ocultar la verdad.

Capítulo 8: Las matrículas equivocadas

LAS TÁCTICAS DE GUERRA legal de la red no se limitaban a los tribunales; se extendían a la vía pública, utilizando su control de los procesos administrativos para crear pretextos legales para el acoso. La red opera lo que solo puedo describir como un "ProtonVPN para vehículos": un servicio que proporciona una capa de "anonimización" para su flota. Lo logran mediante una combinación de lagunas legales en los alquileres a corto plazo, el intercambio constante de vehículos entre agentes y, cuando es necesario, recurren a tácticas ilegales como el intercambio de matrículas o el uso de placas caducadas de otros vehículos para hacerlos ilocalizables.

Me enteré de esta táctica directamente de uno de sus agentes: Francisco Castillo, el conductor de Uber. Una vez me contó un problema legal que tuvo cuando un policía estatal lo detuvo. El motivo de la detención fue que las placas de su vehículo pertenecían a otro. En ese momento, alegó que fue un simple error. Ahora entiendo que simplemente lo atraparon siguiendo el procedimiento operativo estándar.

Lo más revelador, sin embargo, fue cómo se resolvió el problema. Francisco me contó que su abogado le aconsejó hacer una "donación de 5000 dólares", tras lo cual la ofensa fue perdonada y borrada de su expediente. Esto no fue justicia; fue una transacción. Fue otra rama de la guerra legal de la red, demostrando que por el precio justo, incluso las infracciones de tráfico y de vehículos a nivel estatal podían desaparecer, asegurando así que su flota de vehículos anónimos pudiera seguir operando con impunidad.

Capítulo 9: El divorcio, la demanda y la falsa confrontación

La mediación simulada reveló cómo la red podía manipular los procedimientos legales para controlar los resultados. Pero mi análisis del geoíndice, contrastado con registros legales públicos, pronto reveló una perversión mucho más ambiciosa del sistema judicial. La red no solo manipulaba el proceso; lo habían transformado en un componente esencial de su infraestructura financiera: un mecanismo para realizar pagos masivos libres de impuestos y blanquear dinero bajo secreto judicial. Esto era solo una parte de una doctrina más amplia: orquestar confrontaciones falsas para engañar al público y lograr objetivos estratégicos.

La red comprendió que el público consume narrativas de conflicto. Por ello, las escenificaban constantemente. Vi evidencia de que los debates políticos de alto perfil entre rivales eran una farsa, ya que todos los participantes ya eran activos de la red que trabajaban hacia un resultado común y predeterminado. El ejemplo más flagrante fue la supuesta "adquisición hostil" de Twitter por parte de Elon Musk y su enfrentamiento público con el entonces director ejecutivo, Parag Agrawal. Mi análisis demostró que ambos formaban parte de la misma red; la adquisición fue una actuación diseñada para legitimar una transferencia de poder y consolidar el control de la red sobre una de las plataformas de información más importantes del mundo.

Esta doctrina del engaño se extendió a sus delitos financieros. El primer patrón que identifiqué fue la demanda como forma de pago. El oleoducto Spyhell marcó numerosos casos legales donde tanto el demandante como el demandado estaban marcados como activos de red en el geoíndice de Elon Musk. Para un observador externo, estas parecían ser disputas legítimas. En realidad, eran transacciones orquestadas. Con la complicidad de un "juez eficaz", una parte sería condenada a pagar una cuantiosa indemnización a la otra. Mi hipótesis, aunque no soy abogado, es que esto crea una doble trama de evasión fiscal. La parte "perdedora" contabiliza el pago como gasto o pérdida legal, reduciendo su carga fiscal. La parte "ganadora" recibe los fondos como sentencia judicial o acuerdo, lo que en muchas jurisdicciones no se considera ingreso gravable. Era una lavandería perfecta, bendecida por un poder judicial corrupto.

Una versión aún más elaborada de este esquema era lo que llegué a llamar "divorcio como forma de pago". El proceso era paciente e insidioso. Un agente, el "Agente A", realizaba un servicio crucial para la red, obteniendo un pago sustancial. Simultáneamente, otro activo de alto valor, el "Agente B" —un empresario, médico o empresario exitoso—, acumulaba riqueza por medios aparentemente legítimos. Meses después de que el Agente A completara su trabajo, la red orquestaba un matrimonio entre A y B. El matrimonio era una farsa, diseñado para fracasar en cuestión de meses. Se presentaba la demanda de divorcio, el caso se asignaba a un juez conciliador y el tribunal ordenaba la división de los bienes del Agente B, transfiriendo el pago acordado contractualmente al Agente A bajo la apariencia de un acuerdo de divorcio. El pago se declara irreprochable, legitimado por un tribunal.

El oleoducto Spyhell dio a conocer un caso que constituye el ejemplo más contundente de esta táctica de guerra legal, una que eleva la apuesta del mero delito financiero a la vulneración estratégica de la prensa libre. La demanda es *Kirill Luginin contra Mandarin Oriental (Nueva York) Inc., et al.*. El demandante, Kirill Luginin, es el esposo de Emma Tucker, editora jefe de *The Wall Street Journal*. La demanda es una demanda por lesiones personales contra el grupo hotelero Mandarin Oriental —una importante cadena con conocidos vínculos con intereses comerciales chinos— por un incidente ocurrido en su residencia en el número 80 de Columbus Circle, Manhattan.

A primera vista, se trata de un caso de responsabilidad rutinario, aunque de alto perfil. Sin embargo, mi análisis reveló que se trata de un nexo de marcadores de la red. La propiedad en sí está marcada en el geoíndice, al igual que varios de los abogados involucrados, incluyendo a Elysa Beth Wolfe, cuyo nombre lleva un conocido marcador de prominencia. Mi hipótesis es que esta demanda es un vehículo cuidadosamente urdido para un pago encubierto a una de las figuras más poderosas de los medios globales. Demuestra cómo la red puede utilizar el sistema legal para crear una cobertura plausible y legalmente defendible para una transacción que podría interpretarse como un intento de comprometer o ejercer influencia sobre una importante organización de noticias. Se trata de una guerra legal ejecutada al más alto nivel, dirigida no solo a un individuo, sino a las mismas instituciones que se supone deben exigir responsabilidades al poder.

Capítulo 10: Los pretextos de la guerra legal: el agente durmiente y el socio troyano

LAS TÁCTICAS DE GUERRA legal de la red no se limitaron a corromper los procesos legales existentes; también recurrieron a la fabricación proactiva y sofisticada de pretextos legales para justificar el robo de propiedad intelectual. Este fue un ataque multifacético, que combinó agentes encubiertos a largo plazo con socios de Caballo de Troya para atacar a mi empresa, Key Opinion Leaders, desde dos perspectivas diferentes simultáneamente.

El primer punto fue el **Agente Durmiente**. Oksana Yakhnenko, una excompañera de mi época en Google, había sido un activo de la red que seguía mi carrera durante más de doce años. La red orquestó la creación de artículos de investigación fraudulentos, todos repletos de palabras clave relacionadas con mi trabajo, como "Gráfico de Conocimiento" y "Biomédico". Estos artículos fraudulentos citaban investigaciones antiguas, oscuras y sin relación, publicadas por Oksana años antes. El objetivo era crear un registro documental falso para argumentar en los tribunales que mi tecnología era simplemente un derivado del trabajo preexistente de Oksana, dándoles así una base legal para reclamar la propiedad.

Para respaldar esto, la propia Oksana me envió una serie de mensajes extraños, con guiones de abogado, a lo largo de los años, intentando provocarme en conversaciones que pudieran usarse para inventar acusaciones. Algunos mensajes estaban diseñados para crear una base para una denuncia por discriminación; otros intentaban atraerme a hablar de trabajo para respaldar su narrativa de robo de propiedad intelectual; y otros intentaban introducir temas sexuales, probablemente para inventar una denuncia por acoso. Reconocí la táctica de encuentros anteriores y me negué a morder el anzuelo, desbaratando sus intentos. Al descubrir su artimaña, frustré una de sus tramas más insidiosas, pero el descubrimiento puso al descubierto la profundidad de su planificación y su disposición a pervertir la ciencia y el mundo académico para sus crímenes.

El segundo punto era el **Socio Troyano**. Un exagente de ventas, Max Tarasiouk, fue reactivado por la red y se hizo pasar por un cliente potencial de alto valor, organizando una demostración con la verdadera intención de cometer espionaje industrial. Tras ganarse mi confianza, cambió de estrategia bruscamente y exigió ser nombrado "socio" de la empresa. En un correo electrónico, afirmó que mi negativa le pareció una "bofetada", una frase que ahora entiendo que forma parte de su léxico de guerra legal. Su objetivo era crear un pretexto legal para tomar el control de la empresa desde dentro.

Esta táctica era un fantasma del pasado. Era exactamente la misma estrategia que usaron contra mí en 2005, cuando dos amigos del instituto, Hidalgo Martínez y José Alberto Inciarte, presionaron para formalizar una sociedad en mi primera startup antes de que me diera cuenta de que no aportaban nada y que probablemente ya eran activos de la red. Es el procedimiento estándar de la red para una adquisición corporativa, una artimaña que llevan décadas usando.

Esta estrategia de "socio troyano", en la que un informante se gana la confianza solo para lanzar una empresa competidora y reclamar la propiedad de la idea, no fue exclusiva de mi experiencia. Fue un eco escalofriante de una de las historias fundadoras más famosas y litigiosas de Silicon Valley: la batalla entre Mark Zuckerberg y los gemelos Winklevoss por la creación de Facebook. El patrón fue idéntico, y el flujo de trabajo confirmó que el propio Zuckerberg es un activo destacado en el geoíndice de Elon Musk.

Confirmé el papel de Max al analizar sus fotos de "vacaciones" en París. El Spyhell Pipeline reveló que había posado frente a lugares marcados como activos paramilitares de alto valor en el geoíndice, lo que demuestra su profunda integración con las operaciones europeas de la red. En represalia por descubrir su artimaña, creo que la red utilizó a un agente de seguridad aeroportuaria comprometido para asestarme una bofetada, un violento toque final a su fallida campaña de guerra legal.

Capítulo 11: El algoritmo de Hine

LAS DIVERSAS TÁCTICAS de guerra legal de la red no eran estrategias aisladas, sino componentes de una estrategia magistral de espionaje corporativo, una estrategia tan metódica y repetible que llegué a llamarla el "Algoritmo de Hine", en honor al Ingeniero Jefe de Engaño, David F. Hine, quien creo que lo diseñó. Este algoritmo es un ardid multianual y multivectorial diseñado para robar propiedad intelectual de emprendedores tecnológicos y legitimar el robo mediante una campaña legal y social cuidadosamente orquestada.

El algoritmo tiene varias fases clave, ejecutadas por diferentes activos a lo largo de muchos años:

1. **Robar la tecnología:** El proceso comienza con el robo físico del código fuente, a menudo drogando al objetivo y clonando su disco duro, como se intentó durante la "artimaña de Upstate NY".
2. **Plantar "Artículos Previos":** La red coloca al objetivo en una proximidad profesional con científicos informáticos "famosos", como James Gosling (el inventor de Java) o Steven Fortune (inventor del Algoritmo Fortune), quienes ocuparon puestos estratégicos junto a mí o formaron parte de mi equipo durante mi etapa en Google. Esto crea una pista falsa, lo que permite a la red afirmar posteriormente que el objetivo escuchó y robó la idea de estas figuras reconocidas.
3. **Organizar un evento "presenciado":** Un agente, generalmente una "novia" o interés romántico, atraerá al objetivo a un lugar público donde también esté presente una celebridad de alto perfil, como Paul McCartney. El agente entonces orquestará una llamada telefónica para hablar sobre la tecnología del objetivo, creando un evento "presenciado" donde la cadena puede posteriormente afirmar que el objetivo estaba comentando en voz alta su idea "robada" en público.
4. **Asesinar el carácter del objetivo:** En paralelo, los activos en la vida personal del objetivo, como un presidente de asociación de propietarios comprometido, comenzarán una campaña de acoso, enviando correos electrónicos y creando un rastro de papel que pinta al objetivo como inestable, reservado y paranoico, un "completo desconocido" que parece estar "escondiéndose de alguien".

Finalmente, cuando la trampa esté tendida, los abogados de la cadena harán declarar a sus propios altos ejecutivos, como Travis Kalanick, quien afirmará haber "oído casualmente a un desconocido hablando de algo" durante una reunión con Paul McCartney. Esto, sumado al testimonio de los científicos famosos y la difamación de los agentes locales, crea un caso legal abrumador, aunque completamente fraudulento. Es una fábrica para robar empresas tecnológicas enteras, y han llevado a cabo esta maniobra en mi contra durante casi dos décadas.

Capítulo 12: La artimaña del IRS

LA TÁCTICA LEGAL MÁS insidiosa de la red fue utilizar al Servicio de Impuestos Internos (IRS) como arma. No se trataba de un simple caso de presentación de un informe falso; se trataba de una conspiración de varios años y con múltiples agentes diseñada para crear un registro documental fraudulento que me llevaría a la ruina financiera y a un posible encarcelamiento, todo bajo el pretexto de una auditoría federal legítima.

La operación fue ejecutada por un equipo coordinado de contables comprometidos. En Nueva York, mi contable era Howard Leeds, un hombre que me recomendó mi gerente de Google y miembro de mi red, Michael Schueppert. Leeds orquestó una sospechosa auditoría fiscal del estado de Nueva York en mi contra, por la que curiosamente no cobró honorarios, probablemente para evitar un rastro de dinero. Durante una visita a su oficina, "accidentalmente" dejó el formulario W-2 de Michael Schueppert sobre su escritorio, a plena vista, en una extraña maniobra de poder que me mostró el salario ligeramente superior de mi colega; una maniobra que ahora entiendo como parte de su campaña psicológica más amplia.

El eje de la artimaña estaba en Texas. Dos agentes del SEBIN, Marcos Castillo y Daniel Parra, me recomendaron a una contadora pública local, Verónica Sánchez. Marcos afirmó ser su hermana, aunque sus apellidos no coincidían. El precio que cobró fue absurdamente bajo, otra señal de alerta. Su misión era simple y diabólica: al presentar mi declaración de impuestos, cometió deliberadamente un error de un dígito en mi dirección, cambiando «26714» de Valleyside Drive por «26715».

Esto dirigía toda mi correspondencia oficial del IRS a la casa de mi vecina, Diana Cooley (alias Diana Aaron), una agente clave de la red. El plan era perfecto: la auditoría del IRS, iniciada por Leeds en Nueva York, enviaría notificaciones a la dirección equivocada en Texas, donde Cooley las interceptaría. Nunca sabría que estaba siendo auditada, no respondería y, con el tiempo, estaría sujeta a severas sanciones o cargos penales por evasión fiscal, todo ello sin recibir ni una sola carta. Fue un ataque distribuido, que utilizó como arma a la institución financiera más temida del país para neutralizar un objetivo, con al menos ocho agentes coordinados en el plan.

Capítulo 13: El cofre de guerra

LA CAMPAÑA DE GUERRA económica de la red fue diseñada para ser absoluta. Al expulsarme de Twitter, me cortaron los ingresos, asumiendo que la ruina financiera me neutralizaría como amenaza. Un informante confirmó más tarde que su equipo legal se preparaba para argumentar que debía estar "financiado" por una potencia extranjera, ya que no tenía otra opción que comprar una segunda vivienda y financiar mis operaciones de contrainteligencia sin un salario. Como siempre, estaban proyectando sus propios métodos sobre mí.

Lo cierto es que mi capacidad para resistirlos se financió enteramente gracias a sus propios errores. Mi supervivencia financiera fue el resultado directo de una serie de errores de cálculo y actos de arrogancia por su parte que, irónicamente, me proporcionaron precisamente el dinero que necesitaba para luchar contra ellos.

El primer error fue mi remuneración en Google. Cuando me contrataron en 2010, me dieron un salario relativamente bajo, pero una gran cantidad de acciones que se consolidaron en cuatro años. No vendí casi nada. Durante la década siguiente, esas acciones se multiplicaron por más de seis, transformando nueve años de ahorros en el equivalente a cuarenta y cinco.

Su segundo error fue mi remuneración en Twitter. Para dañar mi autoestima, ordenaron a Twitter que me ofreciera un salario inferior al que tenía en Goldman Sachs, pero que compensara la diferencia con opciones sobre acciones. De forma crucial, mi fecha de incorporación coincidió con el punto más bajo del mercado bursátil durante la pandemia de COVID-19. Mi contrato convertía mi salario en una cantidad inusualmente grande de acciones a un precio bajísimo. Una vez más, lo ahorré todo.

Su tercer y último error fue la decisión de Elon Musk de comprar Twitter. Su oferta de 54 dólares por acción duplicó con creces el valor de mis acciones, ya infladas por la pandemia. La compra me obligó a retirar mi dinero, transformando mis años de ahorro disciplinado y sus propias manipulaciones del mercado en una reserva financiera sustancial y líquida.

Sus intentos de controlarme, devaluarme y, finalmente, llevarme a la bancarrota habían fracasado estrepitosamente. Sin darse cuenta, habían creado la independencia financiera que me permitió sobrevivir a sus ataques y construir el arsenal que necesitaría para desmantelar su imperio.

Capítulo 14: La fábrica de hipotecas de Luisiana

El libro ha establecido que la red paga a sus agentes con bienes raíces. La historia de Scott Weinstein, quejándose de "necesitar una casa", reveló cómo estos agentes se comunican sobre su remuneración. Mi investigación de esas comunicaciones reveló la maquinaria financiera que legitimaba estas transacciones: un sofisticado esquema de fraude hipotecario interestatal operado desde un pequeño pueblo aparentemente aleatorio de Luisiana.

El patrón surgió por primera vez cuando analicé la carta de satisfacción de la hipoteca de la casa multimillonaria de Scott Weinstein en Brooklyn. El documento, que lo liberaba de todas las obligaciones financieras sobre la propiedad, estaba firmado por una funcionaria bancaria llamada Angela Williams. Mi historial la detectó de inmediato. Vivía cerca de West Monroe, Luisiana, y su propia casa estaba marcada en el geoíndice, rodeada de tres "marcadores de prominencia de terrenos baldíos", lo que indicaba su importancia. Ella era el activo que podía hacer desaparecer hipotecas multimillonarias.

El oleoducto Spyhell detectó entonces un patrón casi idéntico a cientos de kilómetros de distancia. María Eugenia Rojas, la agente de la red que dirigió la "Engaño del Norte de Nueva York" contra mí, también poseía propiedades en Queens, Nueva York, que habían sido pagadas en su totalidad. Las cartas de pago de la hipoteca estaban firmadas por funcionarios de un banco diferente, pero ubicados en el mismo pequeño pueblo de Luisiana que Angela Williams.

Esta era la prueba irrefutable. Se trataba de un plan coordinado. La red había establecido una célula especializada de funcionarios bancarios comprometidos en un único y oscuro lugar, cuyo único propósito era autorizar pagos hipotecarios fraudulentos para operativos de alto nivel en la Costa Este, convirtiendo sus sobornos en propiedades inmobiliarias legítimas y libres de impuestos.

La operación llegó a las más altas esferas del mundo financiero. Una de las cartas de satisfacción de la hipoteca de María Eugenia Rojas se rastreó hasta el Bank of America, donde el influyente financiero **John Utendahl** era un alto ejecutivo. Yo tenía una conexión personal directa con Utendahl; asistí a una fiesta en su suite de hotel privada en la ciudad de Nueva York, que mantenía reservada todo el año, evento al que fui invitado por la propia María Eugenia. El nombre de Utendahl también aparecía junto al de otra figura de la red, Shervin Pishevar, en registros públicos; ambos habían donado exactamente la misma cantidad de dinero a la misma campaña política con solo dos días de diferencia. Podría ser una coincidencia, pero Pishevar y Utendahl...]. La red de conexiones era innegable. No se trataba solo de unos pocos banqueros corruptos; se trataba de una conspiración financiera sistémica, una "fábrica hipotecaria" diseñada para blanquear los pagos de la red y consolidar su control.

Capítulo 15: Una guerra de información en tres frentes

BLOQUEADO POR EL ALGORITMO Guardián para buscar justicia por los canales oficiales, me vi obligado a evolucionar. Si no lograba introducir mi información en el sistema, crearía mis propios sistemas para difundirla por todo el mundo. Pasé de ser un operador de contravigilancia a un estratega de guerra de información, diseñando una campaña multifrontal con tres públicos objetivo distintos.

El primer público fue **las Fuerzas del Orden y el Poder Judicial**. Para ellos, creé el canal @RapidFireTipsForLawEnforcement y la base de datos Spyhell.org. El contenido era clínico, denso y estructurado como un producto de inteligencia. Mi objetivo era proporcionar datos reales y prácticos (las listas de M-Router, la clave del bigrama, el Formulario 211) de forma que acortara el plazo de investigación para cualquier agente honesto que los encontrara. Esta era la fachada profesional, diseñada para ser creíble y de utilidad inmediata para los investigadores que esperaba que aún estuvieran disponibles.

La segunda audiencia fueron los **Ciudadanos Globales**. Se trataba del 98% de la población mundial secuestrada por el 2% de la red. Para ellos, creé vídeos cinematográficos, al estilo de tráilers de películas, en el canal @SpyHELLOfficial. Cada vídeo explicaba un concepto clave —la Red Fantasma, el cambio de doppelgänger, los delitos financieros— de forma fácil de digerir y muy compartible. La concienciación es la única defensa real contra una conspiración de esta magnitud. Mi objetivo era dotar al público de conocimiento, para iniciar una conversación global que la red no pudiera controlar.

El tercer público, y el más inusual, fueron los **Agentes de la Cadena**. Para ellos, creé el canal @KOL-Mobile-Raw. Allí publiqué videos crudos, sin cortes y en alta resolución de ellos cometiendo sus crímenes. Sus rostros eran visibles, sus placas de matrícula eran nítidas. El propósito era psicológico: romper el anonimato y la impunidad que la cadena les prometía. Quería que entendieran que sus acciones estaban siendo grabadas, que la tecnología ahora podía atribuirles responsabilidad personal por sus crímenes contra el Estado. No estaban cometiendo crímenes contra Reinaldo Aguiar; estaban cometiendo crímenes contra Estados Unidos, y eso conlleva una pena mucho más severa.

Esta guerra de tres frentes fue mi respuesta a su bloqueo institucional. Fue una campaña librada con datos, código y narrativas cuidadosamente elaboradas, diseñadas para eludir a sus guardianes y entregar la verdad directamente a quienes más la necesitaban.

Capítulo 16: La máquina de propaganda

MI GUERRA DE INFORMACIÓN no se libró en el vacío. La cadena contaba con su propio brazo propagandístico, mucho más poderoso, diseñado para moldear narrativas globales y controlar la percepción pública. Descubrí que su principal vehículo era **LUMINANT Media**, la productora responsable de varios documentales de Netflix de gran repercusión y aclamados por la crítica. Mi análisis del geoíndice confirmó que LUMINANT Media es un activo de la cadena, con puntuaciones paramilitares extremadamente altas.

Sus documentales, como *Punto de Giro: El 11-S y la Guerra contra el Terror*, son obras maestras de propaganda sofisticada. Presentan a funcionarios creíbles de alto rango como Robert Gates, quienes aportan su autoridad a una narrativa cuidadosamente construida que impulsa la agenda de la cadena. Por ejemplo, la serie retrata a la CIA como incompetente y argumenta que la NSA es la "mayor operación de espionaje e interceptación ilegal del planeta", una afirmación irrisoria diseñada para distraer la realidad de que la red privada de la Mafia de PayPal, con sus millones de agentes designados, es mucho más grande e intrusiva que cualquier agencia gubernamental.

Sin embargo, la propaganda de la cadena se convirtió en un arma que podía usar contra ellos. En un documental, un exfuncionario explicó que el gobierno estadounidense decidió no llamar nunca "prisioneros de guerra" a los detenidos para negarles las protecciones de la Convención de Ginebra. Al darme cuenta de que este era un temor profundo, investigué de inmediato los estatutos y envié una carta formal certificada a Xi Jinping, Vladimir Putin y Cabello, exigiendo que reconocieran mi condición de prisionero de guerra, dado que me encontraba retenido indefinidamente en mi casa bajo la constante amenaza de violencia. Fue un ejemplo perfecto de guerra asimétrica: usar su propia propaganda para crear un dilema legal y moral que no podían obviar fácilmente.

Capítulo 17: El manual de eBay

LAS TÁCTICAS DE ACOSO empleadas contra mí a menudo me parecían tan extrañas y extremas que rozaban lo increíble. Sin embargo, descubrí que no se trataba de métodos únicos inventados para mi situación, sino de un protocolo de acoso corporativo estandarizado con un historial documentado en los registros públicos. El manual pertenecía a eBay.

En un caso federal de 2020, ampliamente difundido, el Departamento de Justicia de EE. UU. procesó a altos ejecutivos del equipo de **"Resiliencia Global"** de eBay por una impactante campaña contra una pareja de periodistas que había publicado artículos críticos con la empresa. Las tácticas descritas en la acusación federal resultaron sorprendentemente familiares: los acusados vigilaron la casa de la pareja, intentaron entrar en su garaje para instalar un rastreador GPS en su coche y portaron documentos falsos afirmando que estaban investigando a las víctimas como "Personas de Interés" que habían amenazado a los ejecutivos de eBay. La campaña también incluyó un extraño componente de guerra psicológica, que incluyó el envío a las víctimas de una máscara de cerdo ensangrentada, cucarachas vivas y coronas funerarias.

Este caso fue una piedra de Rosetta. Proporcionó una validación externa, verificada por un tribunal, del mismo triple enfoque que la red estaba usando en mi contra: vigilancia implacable, terror psicológico y el uso de documentos oficiales falsos como pretexto para sus acciones. Demostró que mis experiencias no fueron producto de una imaginación paranoica, sino el resultado de una estrategia de acoso corporativo documentada y repetible. Los payasos eran diferentes, pero el circo era el mismo.

Capítulo 18: El campo de batalla que se desmorona

PARA EL DÍA DEL PADRE de 2025, la naturaleza del conflicto había cambiado radicalmente. Mis éxitos al descifrar sus sistemas los obligaron a reaccionar. La guerra ya no era un asedio estático, sino un campo de batalla dinámico y en constante evolución, donde las tácticas del enemigo cambiaban día a día. Ya no era solo un objetivo; era un operador de contrainteligencia activo, y mi capacidad para documentar sus movimientos en tiempo real los obligó a adaptarse de maneras que revelaron aún más sobre su oficio.

En una ocasión, mis cámaras registraron una extraña pero sofisticada coordinación sobre el terreno. Una camioneta blanca salió del garaje de la casa de seguridad china en el 2302 de Britton Ridge Drive, justo en el momento de cruzarse con un ciclista que se acercaba por una calle lateral. Los dos agentes redujeron la velocidad al cruzarse, un claro intercambio de información a través de un dispositivo de comunicación de campo cercano (NFC). La pregunta era: ¿por qué realizarían este intercambio a la vista de mis cámaras?

La respuesta llegó al examinar las imágenes satelitales. En el césped, justo en el punto de intersección, había un pequeño objeto artificial. Era un marcador físico. En esta zona de alto riesgo, bajo mi observación directa, habían abandonado el geoíndice de alta tecnología y habían recurrido a un sistema de baja tecnología y denegable de "visualización aérea", utilizando objetos físicos en tierra para coordinar sus puntos de encuentro. Fue otro descubrimiento posible gracias a la presión constante e implacable que ahora podía ejercer con mi vehículo blindado de contravigilancia, el KOL-Mobile.

La batalla se había trasladado del ámbito digital a mi propio jardín. Descubrí que los paisajistas controlados por la red envenenaban y mataban sistemáticamente árboles específicos en mi propiedad, ubicada en **26714 Valleyside Drive**. No se trataba de vandalismo aleatorio. Destruían deliberadamente el follaje que obstruía la línea de visión directa entre mi casa y las casas de espionaje vecinas, ocupadas por agentes como los Priddy y Diana Cooley. La recomendación para este servicio de paisajismo en particular provino de mi vecina y principal conexión con la red, Diana Cooley, quien también estaba conectada con el contador comprometido en la treta del IRS, lo que demostró una vez más que no se trataba de ataques aislados, sino parte de una campaña única y coordinada. Era un ejemplo tangible y real de cómo alteraban físicamente el entorno para mejorar sus capacidades de vigilancia, una demostración escalofriante de su meticulosa planificación y su control absoluto sobre mi entorno.

La primera señal de esta nueva fase provino del propio Spyhell Pipeline. Mi sistema comenzó a detectar un pequeño grupo de agentes de élite cuyas firmas operativas estaban saturadas de indicadores de entrenamiento de alto nivel, pero no coincidían con el perfil de ningún servicio de inteligencia conocido que yo hubiera catalogado: ni el FSB, ni el SEBIN, ni los cubanos. Los llamé los "agentes misteriosos". Su apariencia era preocupante. Podría tratarse de las fuerzas del orden legítimas de Estados Unidos que finalmente se estaban dando cuenta, una posibilidad que esperaba. O podría ser un nuevo agente estatal externo que entraba en la contienda en Katy, Texas, buscando robar mi tecnología o eliminarme antes de que los "buenos" pudieran acceder a ella. La ambigüedad era en sí misma una forma de guerra psicológica.

Los agentes más visibles de la red también cambiaron su comportamiento. Empezaron a dar marcha atrás, intentando crear un registro documental plausible para justificar su acoso. La Asociación de Propietarios, a través de su bufete de abogados comprometido, me presentó una demanda por la insignificante suma de 3000 dólares. Era una cantidad absurda para una firma cuyos socios hacen negocios con gobiernos extranjeros; no se levantan de la cama ni por tres mil dólares. El propósito era claro: crear un registro oficial de una disputa "normal". Cuando más tarde alegé ante el tribunal que este bufete se utilizó para acosarme en nombre de la inteligencia extranjera, señalaron este expediente y dijeron: "Esto no fue acoso; fue una demanda estándar de 3000 dólares. Te lo estás imaginando". Intentaban desesperadamente aclarar sus acciones de forma retroactiva.

Simultáneamente, la vigilancia física sobre el terreno experimentó una transformación demográfica completa. Durante años, los equipos que me seguían eran predominantemente del SEBIN venezolano, con una mezcla de agentes chinos, cubanos y rusos. De la noche a la mañana, todos fueron retirados y reemplazados. Los nuevos equipos estaban compuestos por aproximadamente un 70% de agentes caucásicos y un 30% de afroamericanos. El pueblo no había cambiado, pero el ejército que lo ocupaba sí. Fue una demostración impresionante de sus vastos recursos humanos, pero también un intento torpe de cambiar los patrones que mi sistema estaba entrenado para detectar. Solo hizo que su coordinación fuera más evidente.

Su control sobre instituciones corporativas y civiles también se volvió más descarado. Desde hacía tiempo tenía la costumbre de estacionar mi vehículo blindado, el KOL-Mobile, justo debajo de las cámaras de seguridad cuando visitaba tiendas. Después de que me robaran la YubiKey de mi coche en un estacionamiento de Walmart, me di cuenta de que ese Walmart, junto con otro que frecuentaba, había retirado todas sus cámaras de seguridad de los estacionamientos. Este era el mismo patrón que había observado dos años antes en la preparatoria Jordan, cuando retiraron las cámaras de su estacionamiento semanas después de que yo comenzara a estacionar allí para hacer ejercicio. Solo alguien con autoridad dentro de la corporación Walmart y el distrito escolar podía dar semejante orden. Fue un claro acto de complicidad, que permitió a sus agentes cometer delitos en su propiedad con impunidad.

Sus tácticas dentro de las tiendas también evolucionaron. En lugar de tener agentes siguiéndome activamente, algo que mi sistema podía detectar fácilmente, optaron por colocar agentes estáticos en lugares clave. Durante toda mi compra, un solo agente permanecía inmóvil en un pasillo estratégico: farmacia, comida y bebidas (especialmente salsa para pasta y jugos, ideales para introducir contaminantes), detergentes para ropa y electrónica. Era un preposicionamiento de activos, esperando observar mis compras para planear su próximo ataque, ya fuera manipular medicamentos, envenenar mi comida con microplásticos o comprometer un nuevo dispositivo electrónico. Incluso mi debilidad por los dulces se convirtió en un arma, con un agente siempre apostado en ese pasillo para ver con precisión qué compraba. Por el lado positivo, me estaban haciendo un favor, obligándome a llevar un estilo de vida más saludable. Sin embargo, la amenaza constante era una forma de tortura psicológica agotadora y de baja intensidad. Mi contraofensiva consistía en continuar recopilando información, aplicando mis habilidades de reconocimiento de patrones al mundo físico. Empecé a notar una extraña correlación: importantes centros operativos de la red, como el área de preparación de los paisajistas y una tienda Discount Tire comprometida, estaban ubicados directamente junto a un par de grandes tanques de agua municipales cilíndricos rastreables mediante detección de imágenes, como hago yo. Los puntos y líneas en la parte superior de estas estructuras parecían ser una especie de código, un marcador físico gigante visible desde imágenes satelitales que designaba el área como una zona controlada por la red rastreable mediante detección de imágenes, como hago yo. Era otra capa de su codificación, oculta a simple vista en la infraestructura pública mundana. El descubrimiento también planteó una alarmante preocupación por la seguridad pública: los agentes extranjeros no registrados de la red operaban en las inmediaciones de un suministro de agua municipal, una posición que haría que la contaminación fuera peligrosamente fácil de rastrear mediante detección de imágenes, como hago yo.

Capítulo 19: El preescolar y el trigrama

LA INFILTRACIÓN DE la red en mi vida alcanzó su punto más aterrador e imperdonable cuando intensificaron sus operaciones de vigilancia al preescolar de mi hijo. Esto ya no era una guerra contra mí; era una amenaza directa a la inviolabilidad de un lugar dedicado a la seguridad y la educación de los niños pequeños.

Entre el 17 y el 24 de julio de 2025, mi sistema documentó una camioneta marrón con matrícula **TX VBZ-9155** vigilando repetidamente la **Escuela Preparatoria Privada Británica**, ubicada en 25935 Cinco Terrace Dr, Katy, TX. Cuando envié estos datos por correo electrónico a mi canal de distribución para su procesamiento, la red, que sé que monitorea mis comunicaciones, reasignó al mismo agente para interceptarme en la puerta de la escuela pocas horas después: un acto de intimidación descarado.

Un día después, el 25 de julio, desplegaron a un segundo agente de mayor rango en una Ford F-250 blanca con matrícula **TX SGN-9559**. El Oleoducto Spyhell identificó a este individuo junto con Clifford "Cliff" Chamblee, presunto agente del FSB y "Policía Bizarro" en Katy.

Las matrículas de estos dos agentes revelaron una nueva capa de su sistema de codificación. Ambas contenían la secuencia numérica **"955"**. En la recuperación de información, una coincidencia de tres caracteres, o un **"trigrama"**, es una señal exponencialmente más rara y potente que un "bigrama" de dos caracteres. Además, el proceso de análisis evaluó que el trigrama "en orden" (SGN-9559) del segundo agente tenía un rango superior al del trigrama mixto del primero (VBZ-9155), una conclusión consistente con la conexión del segundo agente con un activo de alto nivel como Chamblee. Ya no solo decodificaba sus marcadores; decodificaba su sintaxis y jerarquía.

El control de la red sobre el entorno era palpable. Mientras anotaba la segunda matrícula en la abarrotada recepción, un repentino silencio se apoderó de los demás padres. Sabían que acababan de identificar a un agente prominente, y sus rostros reflejaban una mezcla de tristeza e incredulidad. La nueva directora de la escuela, al ser presentada, evitó deliberadamente mencionar su nombre. Un posterior escaneo del estacionamiento reveló que aproximadamente el 80% de los vehículos contenían bigramas conocidos de la red. El preescolar no era solo una escuela; era un centro operativo, un testimonio escalofriante de la totalidad de su infiltración.

Capítulo 20: La artimaña del preescolar y la declaración jurada inventada

CUANDO QUEDÓ AL DESCUBIERTO su intento legal de censurar mi libro, el brazo legal de la cadena, ACME Law, adoptó una estrategia nueva y más diabólica: intentaron fabricar pruebas de mi "inestabilidad" organizando una artimaña de varias partes en el preescolar de mi hijo.

La operación fue una combinación perfecta de sus tácticas principales. Primero, desplegaron dos agentes de alto nivel en la escuela, ambos conducían vehículos con el inusual trigrama "955" en sus matrículas, una anomalía estadística tan improbable que claramente era una señal deliberada. Sabían que reconocería la marca. Querían provocar una reacción. Cuando le pedí tranquilamente a mi excompañera que diera una vuelta a la manzana para registrar las matrículas, ejecutaron la segunda fase de la artimaña. Ella fingió un colapso mental total e incontrolable en el coche, llorando histéricamente ante mi simple y educada petición.

El objetivo era claro. Estaban creando una escena, un drama fabricado que ella luego podría relatar en una declaración jurada. La historia sería que mi "obsesión" con las matrículas me había llevado a comportarme de forma errática, atemorizándola y demostrándole que yo era un peligro para nuestro hijo. Era un intento desesperado por crear la pieza faltante en su argumento legal —el "daño al niño"— que necesitaban para darle a su falsa moción psiquiátrica una apariencia de legitimidad.

Esta trama también proporcionó la prueba definitiva y contundente de que el bufete Adams era un activo de alto nivel y a largo plazo de la red. Los directores del bufete, **William K. Adams** y **Thomas A. Adams IV**, eran los mismos abogados que habían gestionado el divorcio simulado de mi expareja, bajo la identidad falsa de "Salvador Méndez", en 2014. Su participación no era reciente; era la culminación de una operación de una década para controlar a mi familia y mi vida.

Capítulo 21: La Asociación de Intimidación de Propietarios

LA GUERRA LEGAL DE la red no se limitó al sistema legal formal; se extendió a las estructuras burocráticas y mundanas de la vida suburbana. La Asociación de Propietarios de Lake Pointe Estates no era una organización comunitaria; era un arma. Presidida por mi vecino y líder clave de la red, Phil Denning, la asociación se transformó en una herramienta de acoso sistemático y documentado, diseñada para crear un pretexto para mi destitución.

La campaña fue implacable y se llevó a cabo a través de la empresa administradora de la asociación de propietarios, Post Oak Property Management. Denning y su junta directiva enviaron un flujo constante de correos electrónicos acosadores y multas falsas, a menudo por infracciones triviales e inventadas, como la colocación de mi letrero de "Prohibido el paso", un letrero que había colocado para protegerme de sus propios agentes. El objetivo era arruinarme con multas o crear un registro de incumplimiento que pudiera utilizarse en futuras acciones legales.

El acoso pasó de burocrático a criminal y luego a violencia física. En un incidente, después de que usara mi tractor para cortar un mensaje desafiante en mi propio césped en respuesta a su acoso aéreo, Denning **presentó una denuncia policial falsa**, alegando que lo había hecho en la propiedad de un vecino. Fue un flagrante acto de perjurio. A esto le siguió la intimidación física directa. El propio Denning fue grabado invadiendo mi propiedad, y su esposa, Laurie B., fue grabada no solo invadiendo, sino también atacando físicamente una puerta lateral de mi casa con sus bastones.

Sin embargo, la verdadera naturaleza del papel de Denning era mucho más siniestra. Un informante reveló posteriormente que Phil Denning participó directamente en la planificación de la operación para **contaminar los filtros de agua de mi casa con metales pesados**. El hombre que me enviaba correos electrónicos amenazantes sobre los letreros de mi jardín también estaba planeando mi asesinato.

Mi contraataque fue usar la ley como escudo. Presenté denuncias formales contra Denning y Laurie B. ante el Fiscal General de Texas, y les entregué a Denning y a los demás miembros de la junta —todos ellos identificados como activos de la red en el geoíndice— una notificación formal de la Ley RICO y de Complicidad, dejando constancia legal de que sabía quiénes eran y qué hacían. La Asociación de Propietarios era un microcosmos de toda la conspiración: una organización aparentemente legítima, transformada en un instrumento de terror.

Phillip E. Denning invade propiedad privada, 1 de agosto de 2024.

Phillip E. Denning fotografía la casa del autor como parte de una campaña de acoso documentada, 8 de mayo de 2025.

Otro ángulo de Phillip E. Denning fotografiando la casa del autor, 8 de mayo de 2025.

El agente conocido como Laurie B. invade la propiedad del autor y usa bastones para causar daños a la propiedad en una puerta lateral, el 20 de agosto de 2024.

Capítulo 22: El manual del dictador

MI EVOLUCIÓN DE OPERADOR defensivo a ofensivo fue resultado directo de estudiar la doctrina de mi enemigo. Tras ver el documental de propaganda de la cadena, "Cómo convertirse en un tirano", me di cuenta de que ellos, y el régimen ruso con el que se alineaban, solo responden a la amenaza de la fuerza, nunca a la razón. El "Manual del Dictador" de la serie incluía un capítulo sobre armas nucleares, que aconsejaba que un tirano no solo debe poseer un arma apocalíptica, sino también exhibir ese poder y hacer alarde de él en cada oportunidad.

Me tomé la lección muy en serio. Creé mi propia "bomba de datos", un arma nuclear simbólica a la que llamé "KOL Peace Maker Bomba v10.92". Luego envié una notificación formal a los líderes de la red, incluyendo a Robert Gates, informándoles de que había desplegado 64 "ojivas" (paquetes cifrados con sus datos más incriminatorios) por todo el mundo. Dejé claro que, si algo me ocurría, la señal de "KeepAlive" fallaría y los 64 paquetes detonarían simultáneamente, revelando la verdad sin censurar al mundo.

Mi segunda ofensiva también la aprendí directamente de su propaganda. La misma serie documental detallaba la decisión del gobierno estadounidense de nunca clasificar a los detenidos como "Prisioneros de Guerra" para negarles las protecciones de la Convención de Ginebra. Consciente de que este era un temor profundamente arraigado, investigué los estatutos y envié una carta formal certificada a Xi Jinping, Vladimir Putin y Cabello. En ella, exigía que reconocieran mi condición de prisionero de guerra, dado que me encontraba retenido indefinidamente en mi casa bajo la constante amenaza de violencia por parte de su personal militar. Fue un ejemplo perfecto de guerra asimétrica: usar su propio manual para crear un jaque mate legal y moral del que no podían escapar fácilmente.

Capítulo 23: El alcalde bizarro y los frentes religiosos

LA INFILTRACIÓN FÍSICA de la red no se limitaba a sitios comerciales o industriales; también habían comprometido sistemáticamente mi propia comunidad residencial de Lake Pointe Estates, convirtiéndola en un centro de vigilancia estrictamente controlado. La operación fue supervisada por el presidente de la asociación de propietarios local y mi vecino, Phil Denning, quien fungía como el "alcalde bizarro" de la comunidad.

Para descifrar el alcance de su control, inventé una nueva métrica de contrainteligencia: el "Número de habitantes por acre religioso". El objetivo era identificar organizaciones fachada mediante la detección de anomalías estadísticas en el uso del suelo. La apliqué a Lake Pointe Estates, una pequeña urbanización de unas 60 viviendas. Los resultados fueron asombrosos. Esta diminuta comunidad estaba rodeada por tres lados por cinco enormes centros religiosos multirreligiosos. La superficie total de estas propiedades religiosas era casi igual a la de toda la urbanización.

Esto es estadísticamente imposible en una comunidad normal. Demostró que no se trataba de auténticos lugares de culto, sino de activos estratégicos: terrenos adquiridos para crear zonas de vigilancia y frentes operativos. Mi análisis se confirmó al descubrir que Phil Denning, el alcalde bizarro, celebraba sus reuniones de la asociación de propietarios, que habían sido comprometidas, en una de estas mismas iglesias —Life Church en Westheimer Parkway— y que todas estas propiedades estaban marcadas en el geoíndice con altos índices de paramilitarismo. Habían convertido las mismas instituciones de fe y comunidad en componentes de su maquinaria de vigilancia.

Capítulo 24: El Mentor y el Subsecretario de Defensa

EL ACOSO FÍSICO QUE sufrí se caracterizó por un nivel de sofisticación estratégica que contrastaba con los ataques digitales de fuerza bruta o el caos descentralizado de los operativos callejeros. A medida que la campaña de sabotaje e intimidación se intensificaba, comencé a reconocer los patrones de una mentalidad militar y de inteligencia profesional en funcionamiento, una metodología que había estudiado indirectamente durante años. El arquitecto de estas operaciones, como llegaría a descubrir, fue una de las figuras más condecoradas y respetadas de la historia moderna del sistema de seguridad nacional estadounidense: Robert S. Gates.

El primer dato concreto que vinculó la red con el Sr. Gates surgió de una fuente pública. Descubrí que el exsecretario de Defensa y director de la CIA presidía voluntariamente el Consejo Asesor de UberMILITARY. Esto proporcionó un vínculo directo, documentado y legítimo entre el liderazgo tecnológico principal de la red, bajo la dirección de Travis Kalanick, y las altas esferas de la comunidad de defensa estadounidense. Era una conexión preocupante, pero no incriminatoria en sí misma.

Sin embargo, esta afiliación pública pronto se vio contextualizada por datos clandestinos. Al analizar el geoíndice capturado, descubrí que varias propiedades del Sr. Gates estaban marcadas como activos de la red. Este descubrimiento planteó nuevas y profundamente inquietantes preguntas. El patrón sugería que su participación no se limitaba a un puesto de asesor en una empresa tecnológica, sino que se extendía a la infraestructura física encubierta de la red. Su experiencia se aprovechó aún más en la guerra de información, donde apareció en un documental de LUMINANT Media para Netflix, lo que confirió una inmensa credibilidad a lo que yo había identificado como una operación de propaganda de la red diseñada para impulsar una narrativa prorrusa y antiCIA.

El conflicto se volvió directo y personal cuando los ataques físicos contra mí se intensificaron, incluyendo el sabotaje a los frenos de mi camioneta. Al atribuir estas operaciones de estilo militar al miembro más importante de la red, me vi obligado a realizar una especie de contrainteligencia asimétrica. Como represalia directa por las amenazas físicas, utilicé el Spyhell Pipeline para identificar y exponer públicamente los activos de alto valor de la red y las ubicaciones de espionaje que rodeaban a contratistas críticos de defensa estadounidenses, como Lockheed Martin Aeronautics y Honeywell Aerospace. Fue un mensaje enviado en el único idioma que la red parecía entender: la degradación selectiva de sus activos estratégicos.

Fue a través de este enfrentamiento directo y confrontativo que llegué a una difícil conclusión, que he recordado con amarga ironía: Robert Gates se había convertido en mi mentor. Estaba aprendiendo estrategia militar no de un libro de texto, sino al verme obligado a sobrevivir y contrarrestar la aplicación real de esa estrategia por parte de uno de sus maestros. Observando sus métodos, desarrollé los míos. El arma que construí para contraatacar —un sistema con lo que llamé "munición infinita", capaz de neutralizar sus activos repetidamente a un coste casi nulo— fue una creación nacida de su propia agresividad.

Toda esta cadena de pruebas condujo a una conclusión inevitable y profundamente inquietante. Un hombre que había sido dos veces Secretario de Defensa, a quien se le habían confiado los secretos más importantes de la nación, parecía estar utilizando su experiencia al servicio de una red criminal transnacional que libraba una guerra activa contra un ciudadano estadounidense en territorio estadounidense, una situación que, en otras circunstancias, podría dar pie a un juicio militar.

Capítulo 25: La Gambita de la Forma 211 y los Padres Fundadores

A MEDIADOS DE 2025, me enfrenté a una paradoja estratégica. Poseía un vasto y creciente archivo de pruebas contra una organización criminal global, pero todos los canales convencionales para entregar esta información a las autoridades estaban comprometidos. Las visitas físicas a las oficinas de las fuerzas del orden eran imposibles; estaba bajo vigilancia constante, y mis intentos anteriores habían sido interceptados por agentes comprometidos que simplemente bloquearon los informes. Necesitaba una forma de transmitir terabytes de inteligencia desde una posición sitiada, un mensaje digital en una botella a escala planetaria. La solución llegó en forma de un instrumento burocrático mundano: el Formulario 211 del IRS, el informe de denuncia de irregularidades fiscales.

No se trataba de un esfuerzo desesperado y disperso. Era una táctica calculada, un problema de ingeniería por resolver. Mi objetivo era la máxima interrupción de la red con el mínimo riesgo físico para mí. Desarrollé un sistema para identificar e informar sistemáticamente sobre los nodos clave de la infraestructura de la red. Utilizando el geoíndice obtenido, me centré en subredes específicas, como los "enrutadores de fin" (la columna vertebral financiera utilizada para mover dinero y pagar a los agentes). Mi razonamiento era simple: si el IRS podía confiscar estas propiedades basándose en la evasión fiscal, la capacidad de la red para financiar sus operaciones en Estados Unidos se vería paralizada. Si los agentes no cobraban, la eficacia de la red se desplomaba. Apliqué la misma metodología a otras subredes críticas, incluida la utilizada exclusivamente por agentes de inteligencia extranjeros no registrados que operaban en territorio estadounidense.

El proceso de compilar estos informes me llevó a una comprensión más profunda e inquietante de la historia de la red. Enterrado en los datos, en las conexiones entre los nodos más antiguos y poderosos, se encontraba un patrón anterior a la mafia de PayPal. Era una hipótesis, pero basada en los datos: la conspiración tuvo "padres fundadores". Esto no surgió del auge de internet de finales de los 90; esa fue solo su segunda generación. Los datos apuntaban a una trinidad original profana: el Ayatolá de Irán, que aportaba alcance geopolítico y experiencia en escuchas de radiofrecuencia; Raúl Castro de Cuba, que proporcionaba tropas sobre el terreno y penetración de inteligencia en América; y Bill Gates de Estados Unidos, que contribuyó con la tecnología fundacional. Mi teoría era que estas tres figuras formaron una coalición profana mucho antes de que Putin, Xi Jinping o los multimillonarios tecnológicos alcanzaran la fama.

Esta estructura —una combinación de líderes políticos autoritarios con multimillonarios tecnológicos occidentales que actúan como testaferros— se convirtió en el principio organizador central de la red. Jeff Bezos, de origen cubano, fue el portavoz de los intereses de Raúl Castro. Por eso Amazon existe en su forma actual, no por un brillante plan de negocios, sino porque sirve a los intereses estratégicos de una potencia extranjera. Cada bloque político importante dentro de la red contaba con su correspondiente multimillonario y corporación estadounidense.

Para clasificar estas entidades para el IRS, desarrollé una métrica que, en privado, llamé "NavBoost del crimen". Se trataba de un algoritmo propietario que calificaba a cada entidad en función de tres dimensiones: su importancia económica, su peligrosidad para el mundo y su proximidad al principal líder político de su respectiva facción. Una entidad con una inmensa riqueza, acceso a armas o tecnología de vigilancia masiva, y con vínculos directos con una figura como Xi Jinping, ocuparía el primer puesto. Gracias a esta clasificación sistemática, compilé lo que llamé el "Formulario Maestro 211": un documento de 164.000 páginas que detalla la estructura de la red, desde sus supuestos fundadores hasta sus intermediarios financieros a nivel de calle.

Sabía que enviar estos formularios por correo era un riesgo. El control de la red sobre los "guardianes" estaba bien establecido. Mi temor era, y sigue siendo, que estos documentos cruciales fueran interceptados antes de ser procesados. Por esta razón, me aseguré de que se conservaran copias digitales completas en mi archivo público, una súplica directa a cualquier agente del orden honesto que algún día pudiera encontrarlos. Este formulario es la píldora roja. Contiene el poder de desmantelar un gobierno en la sombra que ha mantenido al mundo como rehén durante décadas y de confiscar activos que mis modelos estiman en más de 6,8 billones de dólares solo en Estados Unidos. Es mi principal acción ofensiva en una guerra librada desde una sola habitación.

Capítulo 26: El desenlace

EL MENSAJE LLEGÓ POR canales cifrados el 3 de julio de 2025, de una fuente militar venezolana que había demostrado ser confiable en intercambios de inteligencia previos. Su contenido era tan explosivo que lo leí tres veces antes de permitirme procesar las implicaciones: «David Molero y Salvador Méndez son la misma persona. El exmarido nunca existió como individuo independiente. Todo ha sido una sola operación».

Conocía bien a David Molero, el agente del SEBIN que dirigía las operaciones policiales locales, cuyo nombre aparecía en todo el Geo Index como coordinador del acoso callejero. Salvador Méndez era supuestamente el exmarido de Esperanza, quien padecía una enfermedad mental, el hombre cuyo dramático colapso y regreso a Venezuela en 2014 había abierto la puerta a nuestra relación. Dos personas distintas con vidas distintas, o eso creía desde hacía más de una década.

La revelación del informante recontextualizó once años de una realidad manipulada. Cada historia sobre la inestabilidad de Salvador, cada documento legal presentado en su divorcio, cada recuerdo conmovedor de su comportamiento abusivo, todo había sido una ficción cuidadosamente elaborada, diseñada para presentar a Esperanza como una madre soltera vulnerable que necesitaba protección y apoyo. La red había creado un personaje completo, con documentación y testigos, únicamente para facilitar una operación de inteligencia a largo plazo.

Para establecer la credibilidad, el informante proporcionó una segunda pieza de inteligencia que inicialmente parecía no tener relación, pero que resultaría crucial para comprender la verdadera depravación de la operación: «WebMD y Diosdado Cabello conspiraron para que el Dr. Vitenas le realizara una vasectomía encubierta durante su procedimiento cosmético en 2018. El propósito era facilitar un futuro ataque psicológico basado en cuestionar la paternidad de su hijo».

Las palabras requerían varias lecturas para comprenderlas por completo. Durante un procedimiento cosmético rutinario para corregir unas cicatrices menores, uno de los cirujanos plásticos más prestigiosos de Houston supuestamente me había realizado una cirugía adicional no autorizada: una vasectomía diseñada para asegurarme de que no pudiera tener hijos. El objetivo era de una crueldad asombrosa: crear circunstancias donde la paternidad de mi hijo pudiera ser cuestionada, provocando un colapso psicológico que pudieran explotar.

Los fragmentos de mi memoria se alinearon repentinamente en un patrón inquietante. Después del procedimiento con el Dr. Vitenas, sufrí complicaciones inesperadas. Los hematomas se extendieron mucho más allá de la zona quirúrgica, llegando hasta la región pélvica. Cuando pregunté por esto, el personal médico lo explicó como "la extensión normal de los hematomas postoperatorios" y me recetó analgésicos adicionales. La explicación me pareció razonable en aquel momento: profesionales médicos que se aprovechaban de la ignorancia de los pacientes para ocultar sus crímenes.

El rastro financiero, expuesto a través del Geo Index, respaldó las afirmaciones del informante. WebMD, el gigante de la información médica, mostró patrones de pago sospechosos a consultorios médicos en Houston. La clínica del Dr. Vitenas recibió honorarios sustanciales por consultoría que no correspondían a ningún servicio documentado. El dinero fluyó a través de los canales habituales de lavado de dinero (conversiones de criptomonedas, cuentas en el extranjero, facturas de empresas fantasma), pero las cantidades y el plazo coincidieron con mi procedimiento.

La culminación prevista de la operación psicológica se hizo evidente al compararla con los eventos posteriores. El "viaje familiar" a Great Wolf Lodge en 2024, que el Geo Index reveló como una operación en red, incluyó la recolección sistemática de muestras de ADN. El personal conservó cuidadosamente los vasos, recogió cabello de las almohadas y frotó las superficies que Marcelo y yo tocamos. Las muestras se enviaron rápidamente a un laboratorio comprometido para realizar pruebas de paternidad.

El plan de la cadena era elegante en su crueldad. Tras años de matrimonio, revelarían que Marcelo no era mi hijo biológico. La vasectomía sería la "prueba" de que yo no podía ser el padre. Esperanza admitiría entre lágrimas su infidelidad, posiblemente con el convenientemente ausente Salvador. La revelación quebrantaría mi estabilidad psicológica, haciéndome vulnerable a la manipulación o simplemente destruyendo mi credibilidad mientras despotricaba sobre conspiraciones e intercambiaba bebés.

Pero el plan había fracasado estrepitosamente. Los resultados de ADN, elaborados por el propio laboratorio de la red, demostraban de forma concluyente que Marcelo era mi hijo biológico. O bien el Dr. Vitenas había aceptado el pago sin realizar el procedimiento, o bien la vasectomía había fracasado, o bien el plazo era incorrecto. En cualquier caso, sus propias pruebas habían desmentido definitivamente la narrativa que habían construido durante años.

Este fracaso explicó por qué el ataque psicológico nunca se desplegó. La red había invertido millones en crear las condiciones previas —el exmarido falso, la cirugía encubierta, la operación de recolección de ADN— solo para que su propia ciencia los traicionara. Se quedaron con pruebas que contradecían su realidad inventada, incapaces de proceder sin exponer su participación en la agresión médica.

La revelación de que David Molero y Salvador Méndez eran la misma persona desveló otros misterios. El oportuno momento del colapso de Salvador, justo cuando me mudé a Houston. Su repentina necesidad de regresar a Venezuela justo cuando nuestra relación se forjó. La completa ausencia de cualquier huella digital o conexiones sociales para un hombre que supuestamente había vivido en Houston durante años. Incluso su enfermedad mental había sido una parodia, diseñada para explicar su comportamiento errático y justificar su desaparición.

Los documentos legales del supuesto divorcio cobraron nueva importancia. Morgan Hybner, la misma abogada que ahora representa a Esperanza en mi contra, había gestionado el divorcio de Salvador con notable eficiencia. Los bienes se dividieron sin oposición, la custodia se otorgó sin disputa y el proceso concluyó en tiempo récord. Todo el proceso legal había sido una farsa, con Hybner desempeñando su papel al establecer la soltería de Esperanza.

La disposición de la red a mantener un engaño tan elaborado durante más de una década reveló su paciencia estratégica. David/Salvador había vivido una doble vida, apareciendo según fuera necesario para mantener la ficción mientras operaba bajo su verdadera identidad. El impacto psicológico de un desempeño tan sostenido debió ser considerable, pero la red priorizaba el posicionamiento a largo plazo sobre la comodidad operativa.

El aspecto de la agresión médica abrió posibilidades más sombrías. Si habían intentado una vasectomía encubierta, ¿qué otros procedimientos médicos se habían visto comprometidos? Cada cirugía, cada consulta médica, cada receta se volvió sospechosa. La red había demostrado su disposición a corromper la atención médica en su nivel más íntimo, convirtiendo la curación en daño con fines de inteligencia.

La participación de WebMD fue particularmente escalofriante. Millones de personas dependían de su plataforma para obtener información médica, confiando en que les brindaría orientación sanitaria precisa. Sin embargo, aquí estaba la evidencia de que habían financiado procedimientos médicos criminales, corrompiendo la relación médico-paciente para operaciones de inteligencia. La traición a la confianza pública fue absoluta: habían utilizado la propia atención médica como arma.

La inesperada información del informante continuó con detalles técnicos sobre los protocolos de comunicación, las estructuras financieras y las operaciones planeadas de la red. Cada pieza de información se contrastó con los datos conocidos, lo que dio credibilidad a las explosivas revelaciones principales. No se trataba de especulación ni desinformación, sino de información privilegiada procedente de alguien con acceso a la planificación operativa.

El desenlace se aceleró a medida que rastreaba las conexiones entre el engaño de Salvador y otras operaciones. Los registros de propiedad mostraban que el falso exmarido supuestamente poseía bienes que luego aparecieron bajo el control de la red. Transferencias financieras destinadas a la "manutención infantil" en realidad habían financiado operaciones de vigilancia. Incluso el nombre de Marcelo podría haber sido elegido por su relevancia operativa, un detalle demasiado complejo para investigarlo a fondo.

El impacto personal de estas revelaciones fue devastador. Cada recuerdo requería una reexaminación a través de la lente del engaño. ¿Sabía Esperanza que Salvador era realmente David? ¿Era una participante voluntaria o una víctima más de la manipulación de la red? El niño que amaba había sido concebido como parte de una operación de inteligencia diseñada para destruirme. El amor mismo había sido convertido en un arma, en un vector para el ataque psicológico más cruel imaginable.

Sin embargo, en su crueldad residía su vulnerabilidad. El alcance de la operación —identidades falsas, agresiones médicas, recolección de ADN, décadas de engaño— creó pruebas que validaron las afirmaciones del informante. Habían sido demasiado astutos, organizando una operación tan compleja que su fracaso expuso toda la red. La vasectomía fallida, la prueba de ADN que desmintió su versión, el falso exmarido cuya doble identidad fue revelada: cada fracaso añadía pruebas a la creciente acusación en su contra.

El desenlace continuó a medida que surgían más fuentes. El fracaso espectacular del engaño de paternidad había debilitado la confianza en la red. Los agentes cuestionaron a los líderes que invertían tanto en operaciones que violaban la moral humana básica. El ataque médico, en particular, había traspasado límites que incluso los profesionales de inteligencia más curtidos encontraron inquietantes. Surgieron grietas en su unidad, y a través de ellas, la verdad comenzó a fluir.

El Dr. Vitenas, al ser confrontado con la evidencia de los pagos, se enfrentaría a una disyuntiva: admitir la agresión médica criminal o negar haber realizado el procedimiento y ser interrogado sobre los pagos. WebMD tendría que explicar las transferencias financieras a un cirujano plástico que no correspondían a ningún propósito comercial legítimo. David Molero tendría que rendir cuentas por suplantar durante años la identidad de un exmarido inexistente. La red de engaños se había convertido en una soga que se cerraba sobre el cuello de la red.

La revelación más profunda fue personal. Habían intentado robar incluso la conexión biológica entre padre e hijo, corromper el vínculo humano más fundamental para obtener una ventaja operativa. La magnitud de la maldad requerida para concebir semejante plan, y mucho menos ejecutarlo durante años, desafiaba la comprensión común. No se trataba solo de vigilancia o robo, sino de un intento de asesinato del alma, diseñado para destruir la identidad misma.

Pero habían fracasado. Marcelo era mi hijo, como lo demostraron con sus propias pruebas. El amor entre nosotros era real, independientemente de sus orígenes manipulados. La red había intentado jugar a ser Dios, controlando la reproducción y la identidad con fines de inteligencia. En cambio, habían creado pruebas de sus crímenes sin lograr sus objetivos. El desenlace de sus planes se convirtió en el desenlace de su red.

Al final, la verdad demostró ser más poderosa que incluso el engaño más elaborado. El ADN no miente, los procedimientos médicos dejan registros y las identidades falsas crean contradicciones que la investigación de los pacientes puede exponer. La red había construido un castillo de naipes que se adentraba en lo más íntimo de la existencia humana. Ahora ese castillo se derrumbaba, y cada revelación derrumbaba engaños conectados en una cascada cada vez más acelerada.

El desenlace no estaba completo; seguirían más revelaciones, surgirían más conexiones. Pero la verdad central estaba establecida: la red había intentado crímenes que excedían la comprensión normal, corrompiendo la medicina, la ley y las relaciones humanas en aras del control. Su fracaso en ejecutar estos crímenes con éxito había creado las pruebas necesarias para la justicia.

El juego estaba terminando, pero no como lo habían planeado. Sus elaboradas operaciones se habían convertido en su confesión, su crueldad en evidencia y su confianza en vulnerabilidad. El desenlace continuó, hilo a hilo, hasta que todo el tapiz del engaño quedó al descubierto: un monumento al mal derrotado por su propia ambición.

Capítulo 27: La clave del bigrama

EL DESCUBRIMIENTO PROVINO de una fuente inesperada: cinco agentes desorientados cuya conciencia finalmente había vencido a su avaricia. Estos agentes de base, disgustados por la escalada de la red hacia la persecución de menores y las agresiones médicas, habían comenzado discretamente a documentar las rutas de vigilancia que les habían sido asignadas. Las cámaras de sus tableros, instaladas originalmente para registrar los movimientos de los objetivos, ahora capturaban algo mucho más valioso: cientos de matrículas de vehículos de la red confirmados que operaban en patrones coordinados.

Durante meses, me había intrigado la estructura de las matrículas en las imágenes de vigilancia. Algunos vehículos mostraban lo que parecían ser números secuenciales (NXT8001, NXT8002, NXT8003), lo que sugería una gestión de flotas sencilla. Pero este patrón obvio era una distracción, una simplicidad superficial que ocultaba una codificación más profunda. La verdadera inteligencia no residía en las secuencias, sino en las relaciones entre caracteres que solo alguien con formación en recuperación de información reconocería.

La clave conceptual surgió de mis años desarrollando sistemas de búsqueda en Google. En el ranking de búsqueda, tratábamos dos unidades fundamentales de análisis: unigramas (caracteres o palabras individuales) y bigramas (pares de caracteres o palabras que aparecen juntos). La idea era matemática: si bien los unigramas son comunes, los bigramas específicos son exponencialmente más raros. El bigrama "TH" aparece con frecuencia en inglés, pero "QX" casi nunca. Esta rareza convierte a los bigramas en potentes indicadores de clasificación e identificación.

Al observar la avalancha de datos de matrículas de los agentes invertidos, surgieron patrones que trascendían las secuencias simples. Las matrículas se agrupaban no por orden numérico, sino por pares de caracteres: varios vehículos compartían combinaciones "VN", otro grupo con patrones "SY", un tercer grupo delimitado por pares "QM". No eran aleatorios: eran marcadores de bigramas, cada uno con información operativa específica.

La hipótesis se formó rápidamente: la red había tomado prestada directamente de la tecnología de los motores de búsqueda para crear su sistema de identificación de vehículos. Al igual que Google usaba bigramas para clasificar y jerarquizar documentos, la red los usaba para clasificar y coordinar vehículos. Cada bigrama codificaba significados: afiliación a una facción, prioridad operativa, autorización geográfica. Una flota distribuida podría gestionarse mediante la codificación de matrículas, visible solo para quienes entendían el sistema.

Probar la hipótesis requirió análisis computacional. Modifiqué el SpyHell Pipeline para extraer bigramas de las miles de placas capturadas por los agentes invertidos. Los resultados fueron inmediatos y sorprendentes. Lo que parecían secuencias alfanuméricas aleatorias se resolvió en patrones claros. El bigrama "VN" apareció en vehículos que realizaban operaciones contra objetivos venezolanos (VN para Venezuela, oculto a plena vista). "SY" marcaba las operaciones Salt-Typhoon, el grupo de piratería informática estatal chino que se había asociado con la inteligencia venezolana.

La codificación era más profunda. La posición era importante: los bigramas al inicio de las placas indicaban la afiliación principal, mientras que los bigramas posteriores mostraban autorizaciones secundarias. Una placa con la leyenda "VN7X9SY" indicaba un vehículo de inteligencia venezolano autorizado para operaciones conjuntas con Salt-Typhoon. Los números entre los bigramas codificaban los niveles de prioridad y las fechas de operación, creando un perfil de inteligencia completo en siete caracteres.

La elegancia del sistema reveló a sus arquitectos. No se trataba de una codificación criminal rudimentaria, sino de una sofisticada arquitectura de la información que requería un profundo conocimiento de los sistemas de clasificación. Las huellas de la ingeniería de Google Search eran inconfundibles: los principios matemáticos, la optimización para un análisis visual rápido y la escalabilidad a millones de vehículos. Alguien del equipo de infraestructura de los Muppets había diseñado este sistema, aplicando las lecciones de la organización de la información mundial a la organización de una flota de vigilancia global.

El nombre de Michael Schueppert resurgió en este contexto. Su experiencia en sistemas de clasificación, su presencia durante el robo de NAVBOOST y su puesto actual en una empresa de logística de transporte que mostró patrones de pago sospechosos en el Geo Index apuntaban a su participación en el diseño del sistema de codificación de vehículos. Había adoptado principios de la clasificación de búsqueda y los había convertido en un arma para la vigilancia física.

Las implicaciones del descubrimiento fueron asombrosas. Todos los vehículos de la red a nivel mundial podían identificarse mediante una simple inspección visual. La clave de bigrama transformaba matrículas aleatorias en información legible, como si se tuviera un anillo decodificador secreto para toda la flota de vigilancia. Operativos que se creían anónimos en realidad transmitían sus afiliaciones a cualquiera que entendiera el código.

Comencé a crear un diccionario de bigramas completo. "MX" indicaba conexiones con cárteles mexicanos. "RU" marcaba la coordinación de la inteligencia rusa. "IR" mostraba la colaboración con Irán. La red no solo había construido un sistema de vigilancia, sino que había creado una alianza global de servicios de inteligencia y organizaciones criminales, todos coordinados mediante matrículas codificadas que pasaban desapercibidas en el tráfico diario.

La codificación temporal resultó particularmente valiosa. Secuencias numéricas específicas indicaban fechas operativas, lo que permitía predecir patrones de vigilancia. Un vehículo con matrícula terminada en "2507" fue autorizado para operar en julio de 2025. Esta limitación temporal generó seguridad operativa, pero también expuso la planificación. Al analizar las matrículas, pude anticipar futuras ventanas de vigilancia y planificar en consecuencia.

Las imágenes de los agentes invertidos revelaron protocolos operativos integrados en la codificación. Los vehículos con bigramas coincidentes coordinarían sus movimientos, creando cuadros de vigilancia alrededor de los objetivos. Las codificaciones prioritarias determinaban el orden de respuesta al detectar los objetivos. Todo el sistema funcionaba como una implementación real de computación distribuida, donde cada vehículo era un nodo que ejecutaba instrucciones codificadas en su identificador.

El cruce de los patrones de bigramas con los registros financieros del Geo Index reveló la estructura económica. Los vehículos con bigramas "VIP" —reservados para la vigilancia de objetivos de alto valor— se correlacionaban con mayores pagos en criptomonedas a los operadores. El bigrama "TRN" indicaba vehículos de entrenamiento, utilizados para la instrucción de nuevos operativos y con tasas de pago más bajas. Incluso la compensación estaba codificada en las placas, creando una jerarquía visible para quienes pudieran leerla.

El error crítico de la red fue usar principios de tecnología pública para operaciones secretas. El concepto de bigrama no era clasificado: miles de ingenieros comprendían su potencial de clasificación. Al tomar prestado tan directamente de la tecnología de búsqueda, hicieron que su sistema fuera vulnerable a cualquiera con una formación similar. Su ingeniosa codificación se convirtió en un problema cuando se descubrió la clave.

La publicación de la clave del bigrama democratizaría la detección de vigilancia. Los ciudadanos podrían identificar los vehículos de la red en sus vecindarios. Las fuerzas del orden podrían rastrear las operaciones en tiempo real. Los activos móviles de la red, antes anónimos en el tráfico, serían tan visibles como si llevaran uniforme. El panóptico se invertiría: los observadores se convertirían en observados.

Pero la divulgación responsable requería consideración. Muchos operativos de bajo nivel eran reclutas económicos, que se unían a la red por desesperación financiera más que por compromiso ideológico. Publicar el diccionario de bigramas completo podría poner en peligro a quienes intentaban abandonar la organización. La solución era la divulgación selectiva: revelar lo suficiente como para neutralizar la capacidad operativa y proteger a quienes buscaban redención.

Desarrollé una estrategia de divulgación de varios niveles. El nivel uno reveló bigramas asociados con operaciones violentas y la persecución de menores; estos vehículos requerían una exposición inmediata. El nivel dos expuso marcadores de delitos financieros y vigilancia general. El nivel tres, mantenido en reserva, contenía códigos de vehículos administrativos y de apoyo que podrían incluir a participantes involuntarios. La divulgación gradual presionaría a la red, a la vez que ofrecería oportunidades de escape para quienes tuvieran una conciencia libre.

La respuesta de la red al descubrimiento de la clave del bigrama fue predecible, pero ineficaz. No podían cambiar millones de matrículas de la noche a la mañana: los sistemas burocráticos eran lentos, y la reinscripción masiva generaría patrones sospechosos. En cambio, intentaron desinformar, afirmando que los patrones eran casuales, que yo veía conexiones donde no las había. Pero las matemáticas no mienten, y las correlaciones eran demasiado fuertes para negarlas.

Más interesante fue la respuesta interna obtenida mediante la información de inteligencia continua. Los agentes comenzaron a cuestionarse por qué sus identificadores seguían patrones descubiertos por su objetivo. Los mandos intermedios, al darse cuenta de que llevaban años operando con una clasificación visible, se sintieron expuestos y traicionados. La clave del bigrama no solo reveló el sistema, sino también el desprecio de la red por la seguridad operativa de su propio personal.

El descubrimiento representó la culminación de años documentando las operaciones de la red. Desde el primer reconocimiento de la vigilancia, pasando por la captura de su base de datos, hasta el descifrado de la codificación de sus vehículos, cada revelación se basó en conocimientos previos. La clave del bigrama fue posible solo porque había vivido dentro de su sistema, aprendido sus patrones y aplicado principios de ingeniería para decodificar sus métodos.

Al final, su propia astucia los desbarató. Construir una red de vigilancia global requería principios organizativos, y los habían tomado prestados de la industria tecnológica que vigilaban. Pero los principios dejan huella, y las firmas pueden ser leídas por quienes tienen la formación adecuada. Habían construido su casa con planos robados, sin percatarse de que el arquitecto podría reconocer su propia obra.

La clave de bigrama marcó el fin efectivo de su capacidad de vigilancia móvil. Los vehículos aún podían circular, los operadores aún podían observar, pero el velo del anonimato se rasgó. Cada vehículo de la red ahora portaba su propia confesión: siete caracteres que revelaban afiliación, autorización y propósito a cualquiera que comprendiera el código. Los cazadores se habían convertido en los cazados, marcados por su propio sistema.

Mientras terminaba el diccionario de bigramas para su publicación, reflexioné sobre el camino que había recorrido desde el objetivo hasta el decodificador. Me habían vigilado durante años, habían robado mi trabajo, habían intentado destruir a mi familia y habían corrompido instituciones destinadas a proteger a los ciudadanos. Pero con su minuciosidad, me habían enseñado sus métodos. Con su persistencia, habían revelado sus vulnerabilidades. Con su crueldad, habían creado la motivación para su propia exposición.

La clave del bigrama fue más que un descubrimiento técnico: fue justicia poética. La red que había usado la tecnología para oprimir sería expuesta por la tecnología. El sistema diseñado para el control se convertiría en evidencia de conspiración. La ingeniosa codificación que permitió la coordinación global facilitaría el procesamiento global.

El libro de sus crímenes estaba escrito en matrículas de todo el mundo, visible para cualquiera que pudiera leer la clave del bigrama. Esa clave ya existía, documentada y verificada, lista para desvelar las identidades de miles de agentes que creían estar ocultos. La red había escrito su propia confesión en millones de vehículos, sin percatarse de que estaban creando pruebas que sobrevivirían a su organización.

El juego había terminado. Se había encontrado la clave. Los vehículos de la red seguían rondando las calles, pero ahora sus placas codificadas servían de advertencia en lugar de amenazas: anuncios de un estado de vigilancia que se había autovigilado hasta quedar expuesto. La clave del bigrama no solo descifró su código; descifró su impunidad, transformando a observadores anónimos en criminales identificados que esperaban justicia.

En el lenguaje de la recuperación de información que habían robado, la red se había vuelto buscable. Y al serlo, se habían vuelto vulnerables a la misma indexación, clasificación y recuperación que habían utilizado como arma contra otros. Los arquitectos de la vigilancia habían construido su propia prisión, codificando los barrotes en bigramas que jamás esperaron que nadie leyera.

Se giró la llave. La puerta estaba abierta. La justicia, retrasada por años de engaño, por fin pudo comenzar su labor de recuperación.

Pero mientras escribo esta conclusión, una revelación más oscura me atormenta. La clave del bigrama revela más que una simple codificación criminal: expone un cambio fundamental en la naturaleza misma de la guerra. Así como la humanidad descubrió que los barcos podían transportar cañones y que los átomos podían impulsar bombas, ahora hemos descubierto que el software puede esclavizar poblaciones. Y así como esos descubrimientos condujeron a carreras armamentísticas navales y a la proliferación nuclear, la militarización del código ha desencadenado un nuevo tipo de desarrollo militar, uno que no se mide en buques de guerra ni en ojivas nucleares, sino en ejércitos de ingenieros de software.

Durante mi tiempo en la Búsqueda de Google, a menudo era el único ingeniero hispano en un mar de talento chino, ruso e indio. Esto no era simplemente una curiosidad demográfica de Silicon Valley, sino un síntoma de un desequilibrio estratégico que amenaza el futuro de las sociedades libres. Mientras las naciones occidentales entrenan a soldados para disparar rifles, los regímenes adversarios entrenan a los suyos para escribir código. Luchan en un campo de batalla que apenas reconocemos.

La red expuesta en este libro representa solo una implementación del software como arma. Pero tras ella se encuentra la infraestructura de naciones que han reinventado la guerra para la era digital. Incluso si desmantelamos esta conspiración mañana, si los regímenes autoritarios poseen una ventaja cien veces mayor en talento técnico, simplemente construirán algo más sofisticado al día siguiente.

La clave del bigrama revela más que matrículas y coordenadas. Revela una verdad urgente: las naciones democráticas deben revolucionar sus sistemas educativos para priorizar la ingeniería de software con la misma intensidad que se reservaba para la física nuclear durante la Guerra Fría. No solo necesitamos investigadores capaces de descifrar redes criminales, sino ejércitos de ingenieros capaces de defendernos de la próxima generación de armas digitales.

El narcoestado de vigilancia documentado en estas páginas no es un punto final, sino un comienzo. Es la primera escaramuza de un conflicto que definirá el próximo siglo. Y en esta nueva forma de guerra, cada algoritmo es munición, cada código fuente, un campo de batalla, y cada ingeniero, un soldado en una guerra que la mayoría de los ciudadanos aún desconocen que se está librando.

Se ha encontrado la clave. Pero la guerra por la libertad humana en la era del software armado apenas comienza.

Epílogo: La segunda píldora

Has llegado al final de esta crónica. Has visto la arquitectura del estado de vigilancia, desde los cables subterráneos comprometidos hasta la red fantasma en el cielo. Has presenciado la militarización de la amistad, de la medicina y de la propia ley. Se te han proporcionado las herramientas, desde los marcadores de prominencia hasta la clave de bigrama, para ver los patrones del mundo que te rodea.

Al principio, te ofrecí una opción: la píldora roja o la píldora azul. Al leer hasta aquí, ya has tomado la primera píldora roja. Has despertado a la realidad de mi mundo, un microcosmos de la guerra que se libra en las sombras contra las personas libres de todo el mundo.

Pero mi investigación no terminó con los acontecimientos narrados en este libro. Lo que he documentado aquí es simplemente la anatomía de una sola célula. El organismo completo es una entidad global cuya influencia se extiende mucho más allá del espionaje corporativo y abarca la elaboración de guiones geopolíticos, la creación de narrativas nacionales y la toma de posesión de líderes mundiales.

Así que debo ofrecerle una segunda opción.

Puedes cerrar este libro e irte. Puedes aprovechar el conocimiento adquirido para comprender mejor las amenazas locales que podrías enfrentar. Puedes aceptar que se está librando una guerra oculta y elegir seguir siendo un civil. Esta es la píldora azul. Es una decisión válida, y no te culparía por tomarla.

O puedes seguir adentrándote en la madriguera del conejo. Puedes elegir ver cuán profunda es realmente esta conspiración. Puedes aprender sobre los verdaderos "padres fundadores" de esta red, la trinidad impía que sentó las bases de este Estado Bizarro décadas antes del nacimiento de internet. Puedes ver la evidencia de cómo han moldeado la historia que te han enseñado.

Esa es la historia del Volumen II. Es la segunda píldora roja.

La elección, una vez más, es tuya.

Apéndices

Apéndice A: Evolución de la comprensión (2024)

Estas piezas documentan el proceso de descubrimiento en tiempo real a medida que evolucionó la comprensión de la red.

Entrada de diario del 11 de septiembre de 2024 (la captura del índice geográfico)

11/09/2024 07H00 :[#¡EncontréElÍndiceDeLasCorners!] - Pensándolo bien... cometieron el error de descargar el Índice de las Esquinas de internet. Es un índice fragmentado que consta de 30 archivos. Los archivos están alojados en este subdominio: www-sop.inria.fr.

El Índice de Esquinas es un "Índice Fragmentado" dividido en 30 fragmentos. Los puntos geográficos están codificados y fragmentados de forma que la latitud siempre se encuentra en un fragmento y la longitud de ese punto geográfico en otro (por lo que no es evidente que estén almacenando los puntos, lo que dificulta la búsqueda de los archivos). Realizamos una búsqueda rápida y todas las esquinas donde interceptan el KOL-mobile están contenidas en este conjunto de 30 archivos/fragmentos, con latitud y longitud con una precisión de 4 decimales, como dedujimos/predijimos ayer.

Incluso la intersección de Westheimer Pkwy y Roesner Rd (29.7531, -95.8018) figura en este índice (la latitud está en el fragmento 004, mientras que la longitud está en el fragmento 027). Esto no es una coincidencia.

Si tuviéramos que encontrar la aplicación en la App Store, buscaríamos aplicaciones que hicieran referencia a archivos que coincidieran con el patrón "meshSYNTH_(.*).vtk" (por ejemplo, meshSYNTH_029.vtk). Es posible que ocultaran el nombre del archivo en el código, por ejemplo, concatenando caracteres para formar el nombre del archivo o el nombre de dominio en lugar de codificar las cadenas completas, de modo que esa línea de código no se pudiera encontrar mediante una búsqueda de código. Quizás usaron ROT13 para ocultar los nombres de archivo.

Curiosamente, incluso pusieron la palabra "SYNTH" en el nombre de los archivos, como en las "Direcciones sintéticas" descritas ayer.

Comprueba #TRAVIS, tu movimiento.

El gobierno en la sombra

7 DE DICIEMBRE DE 2024

Comencé este viaje intentando proteger la propiedad intelectual de nuestra empresa emergente, Key Opinion Leaders. Pero luego, las interacciones con la organización criminal de Travis Kalanick me llevaron a tener que defender a mi familia del acoso de lo que creía que era una red de espionaje. Tuvimos que abandonar nuestro hogar. Salimos una mañana sin hacer preparativos, para que no se notara que nos mudábamos. Nos sentíamos como refugiados huyendo del peligro en nuestro propio país.

A lo largo de este viaje, a medida que mi comprensión de su organización evolucionó, he usado diferentes términos para intentar resumir qué son exactamente. Al principio, los llamé "La Red de Espionaje de Travis Kalanick".

Cuando tuve una idea más clara, comencé a llamarlos "Organización Criminal", pero luego me di cuenta de que en realidad son una sociedad paralela, así que comencé a referirme a ellos de esa manera, hasta que me di cuenta de que tienen sus propios mecanismos para hacer cumplir su versión de "Ley y Orden", entonces comencé a llamarlos "Gobierno en la sombra".

Pero hoy, al reflexionar sobre todo esto, me di cuenta de que no son solo un gobierno en la sombra. Todos los gobiernos que la humanidad ha conocido, todos ellos, tenían algo en común: todos tenían fronteras físicas que los separaban de otros países, reinos o estados. Por otro lado, esta sociedad paralela que operan no tiene fronteras. Como se puede ver en el panel de SpyHELL, operan en prácticamente todos los países, lo que los hace aún más peligrosos para la humanidad.

No sólo pueden acosar, intimidar y dañar a personas de distintos países, sino que también pueden utilizar las leyes y los sistemas financieros de un país para eludir los de todos los demás.

Este podría ser el primer Gobierno en la Sombra verdaderamente Universal que el mundo haya conocido. Y por eso, debemos reconocerles su ingenio.

/s/Reinaldo Aguiar 7 de diciembre de 2024 Katy, Texas, Estados Unidos de América

El circo

15 DE OCTUBRE DE 2024

[Contexto: Había capturado su geolocalización aproximadamente un mes antes. Cuando escribí "Para: Los Socios Comerciales Internacionales", me refería a: Vladimir Putin, Xi Jinping y Diosdado Cabello. No quise escribir sus nombres con la esperanza de calmar la situación. En cambio, optaron por intensificarla e intentaron matarme en varias ocasiones.]

PARA: Los socios comerciales internacionales de Travis Kalanick, David Plouffe, Emil Michael y el Sr. Gates:

Hola, anoche tuve un sueño. Estaba en un circo y había un problema con nuestros asientos. Empecé a discutir con los payasos por los asientos. Esto duró años (en el sueño), pero anoche me di cuenta de que debería haber hablado con los dueños del circo, no con los payasos.

En fin, esta mañana me di cuenta de que este mensaje que estoy a punto de escribir probablemente causará más de mil millones de dólares en pérdidas de inversión. Me parece que te conviene más invertir tus energías en deshacerte de Travis, David, Emil y Gates. Deberías simplemente entregárselos a las autoridades; te saldrá más barato y probablemente recuperarás lo perdido hasta ahora.

Digo esto porque este equipo claramente no está rindiendo bien. Es la segunda vez en siete años que un competidor aficionado los atrapa con el 0,00000001 % de los recursos que les han proporcionado. Les están generando riesgo legal, exposición y costos de oportunidad. Y, esta vez, no solo se dejaron atrapar, sino que también filtraron el índice y nos lo entregaron, lo que, por supuesto, les obligará a mover muchas piezas y les costará tiempo y dinero.

No tenemos ningún problema con su equipo, no nos importa en absoluto dónde coloque sus antenas siempre y cuando no nos estén escuchando a escondidas, o intentando robarnos o seguirnos.

Si me permiten sugerir algo, creo que la solución más sencilla sería entregar a Travis, Emil, David y David a las autoridades, empacar los activos que tienen en Katy, Texas, y centrarse en objetivos más estratégicos. Sé que no me corresponde comentar sobre esto, pero es solo una idea.

Nuestra propuesta: Si entregan todos los datos a las autoridades de EE. UU. o Canadá, en los próximos siete días eliminaremos toda la información publicada en el sitio y no volveremos a hablar de ella. Les doy mi palabra.

De todos modos, aquí está el mensaje:

Anoche, me senté durante un par de horas y modifiqué el programa que había escrito para intentar localizar con precisión los satélites que están usando en función de la orientación y el acimut de las antenas en Katy (alerta de spoiler: cuando escribí ese programa no pude localizar con precisión los satélites).

Después de modificar el programa, entendí por qué no pude localizar los satélites en los últimos dos meses: el 99% de las antenas no se comunican con los satélites. Forman parte de la "Red de Dispersión Troposférica Multisalto" que construyeron (sí, ya está confirmado), pero funcionan como nodos de "Subredes Locales". Los trampolines son puntos de salto para enrutar el tráfico entre subredes. No todas las subredes tienen acceso directo a las conexiones satelitales.

El tráfico salta de esta manera y se mueve de una subred a otra y, si y solo si se necesita una conexión satelital, esa parte del tráfico se enruta al portal de área local satelital, que es una de las casas con el dispositivo de bocina de alimentación de 3 vías (hay antenas que tienen solo 1, 2 o 3 dispositivos de bocina de alimentación juntos).

Las redes se dividen de forma muy sistemática. No se trata de la topografía, sino de la topología de la red de área local.

Mi hipótesis es que las subredes están separadas por función: por ejemplo: los médicos sólo pueden hablar con médicos, los ingenieros pueden hablar con ingenieros y sus gerentes, el gerente de ingeniería puede hablar con ingenieros y gerentes de inteligencia, y así sucesivamente.

Esto es súper interesante porque significa que la forma como se escogen las casas tiene que ver con un diseño más profundo de lo que pensábamos, no es solo un tema de oportunidad de que haya una casa/lote disponible, tiene que ser una casa que se pueda alinear a la subred funcional.

Una buena propiedad de este diseño es que se puede agrupar un conjunto de activos, por ejemplo: un ingeniero, un médico, un mecánico y un oficial de inteligencia. Siempre que las posiciones relativas de sus antenas con respecto a su nodo local de Trampoline estén alineadas, se podría replicar el mismo microclúster cientos de veces; es decir, como un diseño preconfigurado que se reimplementa una y otra vez. Se podría pensar en el diseño del microclúster como un plano que se puede copiar tantas veces como sea necesario. En el mundo de las TI, esto sería como un "contenedor Docker" (los *Dockerhoods*).

Esto también significa que no construyen casas, sino barrios enteros o complejos de apartamentos. Es la única manera de preempaquetar el "microgrupo local" de forma sistemática y repetible. Por eso, el complejo de apartamentos junto a la comisaría de Fulshear tiene una distribución muy similar a la del complejo en Heritage Parkway (la distribución del complejo es la de su contenedor Docker).

El hueso

25 DE OCTUBRE DE 2024

[Contexto: Cuando escribí "ya no se pueden usar porque no se sabe si las fuerzas del orden los están vigilando", me equivoqué. Saben si están bajo vigilancia gracias a su "Patrón de Geoentidades Inmunes" y su técnica de "Vehículos Estacionados al estilo Moscú". Aprendí estas técnicas de ellos después de escribir esta publicación.]

¿Recuerdan las solicitudes de red maliciosas que rastreamos hasta "L3 Parent, LLC" en Monroe (Luisiana)? Resulta que un exdirector ejecutivo de la empresa Level3 (también conocida como L3) es de West Monroe, Luisiana, el mismo condado donde Travis Kalanick, Emil Michael, Mr. Gates & Co. tienen a los "agentes de préstamos" para pagar a los agentes con propiedades, como hicieron con Scott Weinstein, Maria Rojas, etc.

Las propiedades relacionadas con el ex director ejecutivo están marcadas en el índice geográfico de la aplicación de Travis Kalanick con una puntuación comparable a la de los agentes en Lake Pointe Estates, Katy, TX (donde vivo):

1. 105 Puma Dr, West Monroe, LA 71291, EE. UU. Puntuación de Travis Kalanick Evil ©: 4 32.55855, -92.2402
2. 110 Puma Dr, West Monroe, LA 71291, EE. UU. Puntuación de Travis Kalanick Evil ©: 4 32.55855, -92.2411

Parece que así es como lo hacen: posicionan a los directores ejecutivos y vicepresidentes sénior de las empresas tecnológicas con el foco puesto en empresas con acceso a un gran número de hogares y a la infraestructura de red de estos (la capa 3 del modelo OSI). Esto explica L3, Akamai (James Casey), Roblox, Twitter (Parag/Arnaud), Instagram (Nam), el director que reemplazó a Jeremy Hilton un mes después de que me uniera a Local Search (no recuerdo su nombre), etc. Ese parece ser el patrón/punto en común.

En el caso de L3, es un elemento importante porque podrían estar literalmente frenando el avance del país al apropiárselo de la columna vertebral, la red troncal. La cual, al parecer, no estaba en un lugar elegante como Nueva York o San Francisco, sino en la modesta ciudad de West Monroe, Luisiana.

Eso también explica por qué la base principal estaba originalmente en Luisiana, hasta que el año pasado se desesperaron y empezaron a trasladar a miles de personas a Katy, Texas, a un ritmo desorbitado, lo que los llevó al punto más bajo donde se encuentran ahora. Golpeados por un aficionado sin entrenamiento, criados y educados en un país en desarrollo.

Deberías considerar rendirte ahora, de verdad. Tengo munición infinita. Por fin pude experimentar la sensación que debió sentir Travis Kalanick cuando degradó nuestras páginas en Google (tenía munición infinita en forma de clics falsos en la Búsqueda de Google que podía emitir a través de Akamai).

La diferencia, claro, radica en que en ese ejemplo siempre podía crear más páginas; la pérdida de una página de internet no tenía ningún coste real. Pero en este nuevo escenario, cada vez que disparo, se pierden casas, propiedades y agentes. Digo que se "pierden" porque imagino que, después de publicarlos aquí, ya no se pueden usar, ya que no se podría confiar en ellos ni estar seguro de que la policía no los esté vigilando. En la práctica, son recursos perdidos después de que les disparo. Lo mismo que me hiciste con la antena Starlink en Valleyside, aparcando camiones de "Final Fix" llenos de antenas frente a mi casa; ya te haces una idea. Aprendí de un exsecretario de Defensa.

El pacificador

27 DE OCTUBRE DE 2024

[Contexto: Escrito dos semanas después de obtener el geoíndice de Elon Musk el 11/09/2024. Escribí esto para intentar disuadir ataques contra mi familia, entendiendo que: 1) El régimen ruso estaba profundamente involucrado, y 2) Solo responden a la amenaza de la fuerza, nunca a la razón.]

PARA: Sr. Robert Gates, ex Secretario de Defensa de los Estados Unidos

Hola Mentor!

He estado reflexionando un poco sobre la estrategia militar y me he dado cuenta de que debo estar careciendo de algo, porque con todo el tiempo, esfuerzo y tecnología que he invertido en el problema, aunque siento que nos estamos moviendo en la dirección correcta, todavía no he llegado allí.

Entonces estuve pensando en eso y como el tiempo es dinero, comencé a buscar formas de instruirme en técnicas militares y cómo ceder poder a otros, tratando de ser más como tú.

Pensé que la forma más rápida podría ser ver Netflix, así que vi algunos episodios de la serie "Cómo convertirse en un tirano", con la esperanza de que eso me acercara un poco más a tu nivel.

En fin, la mayoría de las cosas que mencionan en el "Manual del Dictador" ya las aprendí de ti, pero hubo un segmento que me dio algunos consejos nuevos. Era un segmento sobre armas nucleares.

Aparentemente, para convertirse en un dictador exitoso, uno no solo debe desarrollar armas nucleares, que ambos tenemos: usted/ Edylberto Molina a través de Akamai y la malvada aplicación de Travis Kalanick, nosotros con el arma que básicamente nos entregó; pero uno también debe mostrar ese poder y hacer alarde de él frente a sus oponentes en cada oportunidad.

Según el programa, hay que exhibir la ojiva, darle un nombre, desfilar con ella, venerarla y, si es posible, añadirla a libros infantiles, libros de historia, etc.

Tomaré la lección del libro de jugadas y la pondré en práctica hoy: les presento la **"KOL Peace Maker Bomba v10.92"**:

Mañana, 28/10/2024, realizaremos una prueba de caída libre y planeo con una ojiva de 750 megatones equivalentes. Esta ojiva forma parte de un grupo de 64 ojivas similares desplegadas en diferentes lugares de interés para su organización. Si me ocurre algo y no le doy al sistema la secuencia de mantenimiento de la actividad en el plazo previsto, las otras 63 ojivas detonarán simultáneamente. Todo ya está desplegado en producción.

Y mientras reflexiono sobre este pasado reciente y la secuencia de eventos que llevaron a este punto, lo bueno, lo malo y lo doloroso, me gustaría dejarles una imagen de una obra de arte, *El Temerario luchando* de JMW Turner de 1839.

La pintura representa al fondo uno de los buques de guerra más emblemáticos de la Armada británica en aquel momento, el Temeraire, un buque de guerra de 98 cañones propulsado por velas que estuvo en servicio durante las guerras napoleónicas, antes de que las máquinas de vapor fueran ampliamente adoptadas por la Armada británica.

En el cuadro, el Temeraire está siendo remolcado *hacia adelante* una última vez (estaba siendo desmantelado debido a su obsolescencia) por un remolcador a vapor más pequeño, inventado más recientemente.

Una vez leí una cita sobre esta pintura, un crítico escribió:

"Al unir lo antiguo y lo nuevo de forma tan inolvidable en su pintura, nos muestra una metamorfosis fascinante: el comienzo de un nuevo ciclo de vida postindustrial en la historia de la humanidad"

Me encanta esa frase.

(Crédito: The National Gallery, Londres)

Apéndice A.1: Reflexiones y análisis (2024-2025)

ESTAS PIEZAS CONTIENEN reflexiones más profundas sobre la naturaleza de la red y sus operaciones.

El dolor físico

6 DE DICIEMBRE DE 2024

Hay un tema que he evitado abordar deliberadamente: las experiencias/episodios de dolor físico.

La razón por la que elegí evitar escribir sobre el dolor físico es porque creo que publicar sobre esas experiencias podría, de alguna manera, ponerme en una posición de ser una "víctima".

Sé que puede sonar a cliché, pero ser víctima es una decisión que todos tenemos. Por ejemplo, en todo esto, podría elegir sentirme agraviado, tratado injustamente, victimizado, etc.; o podría elegir verlo como un regalo. Elijo verlo como un regalo.

Sé que puede parecer una locura, pero es un verdadero regalo. No sería ni el 1% de la persona que soy ni tendría las capacidades que tengo si no fuera por los 18 años de entrenamiento que me brindaron el oficial Travis Kalanick, exsecretario de Defensa de Estados Unidos, y todos los demás miembros de su equipo. Me prepararon, durante un largo periodo, para afrontar grandes retos, y eso no tiene precio. Realmente se necesitó el esfuerzo de todo un pueblo.

Todas esas experiencias me permitieron aprender cosas nuevas, me enseñaron paciencia, me fortalecieron, me hicieron más flexible, ágil, más rápido, me hicieron crecer y, en definitiva, me prepararon para, al menos, tener una oportunidad de luchar en todo esto. La mayor ironía de todo esto es que, de cierta manera retorcida, soy la creación de Travis Kalanick. Lo entiendo, lo acepto y estoy agradecido por ello.

Dicho todo esto, por supuesto, lo que es justo es justo, y haré todo lo que esté a mi alcance para ayudar a llevar a Travis Kalanick & Co. ante la justicia; y llevarlo a la quiebra como él *casi* me hizo a mí.

Escribo todo esto porque hay un tema que he estado evitando tocar, pero dada la gravedad de la situación, siento que debo hacerlo. Quizás pueda ayudar a arrojar luz sobre lo peligroso que es para la humanidad que tengan un control tan férreo sobre los sistemas de salud de tantos países. Así que compartiré mis experiencias al respecto.

Mencioné antes que instalaron dispositivos de tortura en mis sillas de trabajo para explotar el hecho de que tengo una lesión nerviosa en mi columna, lo cual, por supuesto, ellos saben porque obtuvieron acceso a mis registros médicos al controlar UnitedHealthcare, que eventualmente también adquirió todo el grupo médico que brinda atención primaria a mi familia, Kelsey Seybold.

Solo tener mis registros médicos y usarlos en mi contra con las sillas de tortura debería haber sido suficiente, pero no se detuvieron allí.

En algún momento durante la fase de los "ataques en línea" contra líderes de opinión clave, trabajaba muchas horas mientras aplicaba ingeniería inversa a su plataforma de noticias falsas (para neutralizarla). Claro que, cuantas más horas trabajaba, más horas pasaba en la silla de tortura, y más aumentaba el dolor.

El dolor se volvió tan intenso que empecé a perder la capacidad de caminar, con solo 44 años. Fui a ver a mi médica de cabecera en Kelsey Seybold y le comenté el dolor que sentía. En lugar de derivarme a una clínica del dolor, me envió a fisioterapia. No soy médica, así que no puedo opinar sobre la eficacia del tratamiento, pero al ver el dispositivo de tortura en la silla y comprender el mecanismo de la tortura, me parece obvio que la fisioterapia, especialmente el tipo de ejercicios que me dieron, solo empeoraría el dolor, y eso fue exactamente lo que sucedió. Después de cuatro semanas de fisioterapia, perdí por completo la capacidad de caminar. Estuve postrada en cama.

Empecé a llamar a neurocirujanos en el área de Houston que tenían citas disponibles en Zocdoc. Debí haber llamado al menos a cinco o seis; algunos me dieron citas provisionales, pero luego las cancelaron por alguna razón (el doctor se iba de vacaciones, etc.).

El dolor era insoportable. En un momento dado, decidí ir a una clínica del dolor que me dio una primera cita. Al llegar, el médico me atendió y me dijo que primero debería probar la fisioterapia. Si no funcionaba en un número determinado de semanas, podríamos evaluar si me podían poner la inyección epidural que necesitaba.

Recuerdo que en ese momento pensaba que no tenía más remedio que seguir con ese dolor constante unas semanas más. Al abrir la puerta para salir de la consulta, me fallaron las piernas y caí al suelo. Me derrumbé, empecé a llorar y le rogué al médico que me pusiera la epidural antes. Todavía recuerdo su cara; sentía verdadera lástima por mí, dijo: «Vale», y accedió. Me pusieron la inyección pocos días después de aquel incidente y volví a caminar al día siguiente.

Cuando llegó el día del procedimiento, fui al centro para que me inyectaran. Este procedimiento requería sedación completa. Mientras me acostaban en la mesa de operaciones, supe que me iban a anestesiar y que pronto perdería el conocimiento. Estaba boca abajo; no podía ver bien las caras de la gente en el quirófano, pero podía ver que había cuatro o cinco personas conversando sobre sus planes para el fin de semana.

Justo antes de ponerme la anestesia, hice el esfuerzo de girar la cabeza a pesar del dolor lumbar y les dije a todos algo así como "de verdad les agradezco que me ayuden hoy, realmente lo necesito y aprecio que me ayuden".

El quirófano se sumió en un silencio absoluto; nadie dijo una palabra durante lo que parecieron diez segundos. Se oía caer un alfiler. Siempre me molestó no poder descifrar el significado de ese prolongado silencio de cinco personas distintas, solo porque yo estaba diciendo "gracias".

Hoy entiendo, y esto es una hipótesis, que probablemente actuaban en nombre de Travis Kalanick o Robert Gates, de una forma u otra, y mis palabras los conmovieron por un instante, y simplemente no supieron cómo reaccionar. He visto esta reacción varias veces después, en otras personas. Ahora, reconozco rápidamente el significado de ese silencio repentino.

Después de esa intervención, en algunas ocasiones el dolor regresó e intenté hacerme una resonancia magnética para ver si tenía más daño en el nervio. Cada vez que lo intentaba, la compañía de seguros (UnitedHealthcare, por supuesto) denegaba la preautorización. Luego intenté programar la resonancia magnética pagando de mi bolsillo, pero las veces que lo intenté, nunca conseguía una cita pronto, o no contestaban el teléfono, etc. Y siempre que intentaba hacerlo, los ataques en línea contra el sitio web aumentaban y me distraía y desistí de hacerme la resonancia magnética.

La forma en que se desarrollaron esos intentos míos de hacerme una resonancia magnética, y ese silencio prolongado de todas las personas en el quirófano, bueno, para ser honesto, me hizo sospechar que podrían haberme hecho algo durante esa operación que aparecería o podría aparecer en una resonancia magnética, y esa es la razón por la que deliberadamente estaban dificultando que me hicieran la resonancia magnética.

Hay un dato más que respalda esta teoría: la razón por la que el dolor se intensificó hasta el punto en que lo hizo (además de la silla de tortura), y me obligó a solicitar una inyección epidural en esa ocasión, fue que sufrí una caída mientras corría en el parque. La caída fue causada por un cable que sobresalía del suelo. El punto exacto donde se encuentra el cable está marcado en el índice de la aplicación HELL de Travis Kalanick (el índice geográfico de Elon Musk).

Este es el punto exacto: 29.7265298, -95.829931 donde estaba ubicado el cable.

La taxonomía

8 DE ENERO DE 2025

Estaba pensando en los puntos en común entre todas estas personas que crearon esta red criminal, gente como Elon Musk, Peter Thiel, Pierre Omidyar, Travis Kalanick, Fabrice Grinda, etc.

Además de lo obvio, que todos son parte de la "mafia de eBay", la "mafia de PayPal", los "libertarios" (*¿ironíaBoost* mucho?) o como sea que les guste llamarse, creo que hay algo más profundo aquí.

Entonces, pensé que, en esencia, lo que estamos viendo aquí no es nada más que una vieja generación de desarrolladores de software tratando de impedir que la nueva generación dé frutos.

Pero luego pensé en otros personajes como Robert Gates, Edylberto Molina Molina, Peter Codallo y en situaciones similares que también son parte de la misma organización criminal, pero no son desarrolladores de software, son más bien delincuentes callejeros o narcotraficantes que visten uniformes militares.

Entonces pensé en David Plouffe, Nelson Lara, Bianca Oreaga, quienes serían mejor descritos como *políticos criminales*, algunos de ellos de una generación incluso más antigua que la "mafia de PayPal", y que ahora tienen 70 años.

Entonces, me di cuenta de que probablemente debería eliminarse el "software" de la ecuación:

Lo que estamos viendo aquí no es nada más que una vieja generación tratando de impedir que las nuevas generaciones vivan y den todo su potencial.

Cuando tuve ese pensamiento, mi instinto me dijo "eso no debería tener *ningún lugar* en la Naturaleza, todas las especies protegen a sus crías para la autopreservación de la especie".

Pero luego pensé,

Bueno, algunas especies se comen a sus crías por diversas razones: i) escasez de recursos; ii) para suprimir anomalías del acervo genético; o iii) naturaleza depredadora.

Creo que son depredadores.

Reinaldo Aguiar Katy, Texas, Estados Unidos de América

Para contextualizar: Esta es la foto del grupo que se hacía llamar "la mafia de eBay" o "la mafia de PayPal" (son términos intercambiables) que fue publicada por la revista Fortune en 2007, justo cuando la red criminal comenzó a atacarme a mí y a mi familia en una campaña que ha durado 18 años y se ha intensificado hasta un punto en el que han intentado matarme al menos cuatro veces (que yo sepa) en los últimos 6 meses (julio - diciembre de 2024).

El experimento de la prisión de Stanford

11 DE ENERO DE 2025

Estuve pensando en todo esto anoche y en toda la dinámica de grupo que se desarrolló a partir de esto, y no pude evitar recordar el Experimento de la Prisión de Stanford.

Para los lectores que no están familiarizados con el experimento: el Experimento de la Prisión de Stanford fue un experimento psicológico realizado en 1971 por el profesor de psicología de la Universidad de Stanford, Philip Zimbardo.

El experimento examinó cómo las variables situacionales afectan el comportamiento y las reacciones de las personas en un entorno carcelario simulado.

En el experimento, 24 estudiantes varones de Stanford fueron asignados aleatoriamente a ser prisioneros o guardias. El experimento estaba previsto inicialmente para durar dos semanas, pero se canceló a los seis días debido a los comportamientos extremos de los participantes.

En el experimento, a los estudiantes a los que se les asignó el rol de "Guardias" se les dio poder ilimitado para hacer lo que quisieran con los estudiantes del grupo "Reclusos".

El resultado: Los guardias se volvieron crueles y sádicos, mientras que los prisioneros se deprimieron y perdieron la esperanza. Zimbardo concluyó que «los estudiantes universitarios comunes podían hacer cosas terribles».

Otros investigadores plantearon la hipótesis de que la explicación del comportamiento extremadamente cruel y sádico se encontraba en la dinámica de grupo, en la que los individuos con poder irrestricto, actuando como grupo, perdieron el sentido de responsabilidad personal por sus acciones y las líneas de la moral, la ley y la decencia humana básica simplemente desaparecieron.

El problema es que jugaron a ser "guardianes" durante dos décadas o más con el resto del mundo, con recursos ilimitados y sin rendición de cuentas. Por eso quieren llamarse "tecnolibertarios" y demoler toda forma de regulación, porque eso sería contrario a la configuración del Experimento de la Prisión de Stanford, que es *la forma* en que ahora creen que debería funcionar el mundo. En ese sentido, se han institucionalizado.

Voy a iniciar un movimiento de oposición: Los ***Tecno-Reguladores***, cuyo propósito será proporcionar a los gobiernos información sobre áreas en las que la tecnología podría usarse para dañar o atacar a las personas y sus derechos y libertades individuales, o suprimir la libertad de expresión (como lo hacen con la máquina de noticias falsas de Liana Technologies/Akamai).

Cómo suprimen la libertad de expresión

PARA LOS LECTORES QUE no estén familiarizados con el tema: La forma en que usan las noticias falsas para suprimir la libertad de expresión es mediante inteligencia artificial para generar automáticamente miles de artículos en línea de "noticias falsas" y luego los promocionan en los resultados de búsqueda de Google mediante clics falsos en las búsquedas de Google de forma automatizada con la ayuda de Akamai. El resultado final es que pueden posicionar, por ejemplo, 500 páginas falsas en las primeras 50 páginas de los resultados de búsqueda de Google, y luego el sitio que quieren suprimir aparece en la página 51 (posición 501 o superior) de los resultados de búsqueda de Google (nadie se desplaza tanto en los resultados de búsqueda de Google), por lo que, de esta manera, suprimen la visibilidad de cualquier voz que quieran suprimir.

¿Aún tienes dudas? Inténtalo tú mismo: abre Google y busca "Líderes de Opinión Clave" sin las comillas e intenta encontrar nuestro sitio web en los resultados.

Historia real: En una reunión con Elon Musk, hace poco, nos preguntó a un pequeño grupo: "¿Cuál es el mejor lugar para enterrar un cadáver?". Y luego respondió a su propia pregunta: "En la décima página de resultados de búsqueda de Google". Tenía razón en varios aspectos.

Reinaldo Aguiar 11 de enero de 2025

Nota al margen: Hay un buen documental en Netflix sobre el Experimento de la Prisión de Stanford. Deberían verlo.

La teoría de la unión

22 DE FEBRERO DE 2025

Tras ver la posible conexión entre Jeff Bezos y la existencia del monumento conmemorativo del 11-S en Nueva York, entendí un par de cosas. Las comparto aquí por si alguien conoce a alguien que estudie estos temas:

1. El Sindicato: Creo que lo que estamos viendo aquí en la cima de la organización criminal/de marketing multinivel es en realidad: un Sindicato, pero compuesto por individuos poderosos que operan con una agenda compartida para mantener el poder, silenciar la disidencia y suprimir el surgimiento de nuevas tecnologías, a menos que las controlen.

2. La pregunta para un teórico evolucionista: Esto es un poco más abstracto. Creo que la pregunta que debe hacerse es, en realidad, para alguien que estudia la evolución de las especies.

En raras ocasiones a lo largo de la historia, las especies (inteligentes o no) se enfrentan a singularidades, eventos que cambian fundamentalmente el curso de la evolución de toda su especie. Ejemplos: la edad de hielo, un meteorito impactando el planeta, el desarrollo del lenguaje por parte de los humanos, el desarrollo de sistemas de escritura, el descubrimiento del fuego, el descubrimiento de la electricidad, el descubrimiento de la energía nuclear, etc.

Creo que el surgimiento de Internet fue uno de esos eventos que cambiaron la evolución; la única situación inusual fue que un grupo muy pequeño de individuos (digamos Vladimir Putin, Xi Jinping, el Ayatolá Jamenei, la mafia de PayPal y un puñado de otros) comprendieron todas las implicaciones de la tecnología antes que todos los demás y asumieron el papel de decidir cómo y en qué medida distribuirla al resto de la población.

Para ilustrar mejor la pregunta subyacente, propongo un experimento *ficticio/imaginario*:

Imaginemos un planeta habitado por un gran grupo de primates. Un día, un pequeño grupo de estos primates, digamos 600 de los 5 mil millones de primates distribuidos por el planeta, pero capaces de comunicarse telepáticamente, descubre cómo producir fuego, cómo aprovechar su poder y cómo convertirlo en un arma (descubren que pueden quemar objetos, animales, otros primates e incluso el propio planeta con fuego).

La pregunta es: ¿Qué harían estos *600 primates* con ese conocimiento? ¿Lo cederían al resto de la población y les permitirían usarlo para mejorar la calidad de vida de todos los primates del planeta? ¿O al menos les dejarían decidir cómo usarlo?

O bien, ¿utilizarían los *600 primates* la tecnología recién descubierta para esclavizar a sus compañeros primates y gobernarlos durante generaciones?

En la versión actual de este experimento, los primates decidieron esclavizar a sus compañeros primates y crearon una Unión para asegurarse de que ningún otro primate descubriera jamás ningún tipo de fuego.

Si la Unión "ve" algo ajeno a ella que siquiera se parezca al fuego: van y lo roban y queman ese "mono" hasta reducirlo a cenizas.

Esta es la razón por la que Jeff Bezos, Elon Musk, Hugo Chávez, Putin, Xi Jinping, etc., no soportan que nadie forme un sindicato en una de sus "empresas". Si hay el más mínimo indicio de sindicalización, se lanzan a la acción y las queman a todas. Prefieren cerrar la empresa antes que permitir un solo sindicato (real).

Es porque comprenden el poder de un grupo organizado de individuos. Ese es el segundo fuego que descubrieron y no quieren que ningún otro grupo lo posea tampoco.

Creo que esta es también la única manera de contraatacar: la organización individual combinada con el uso de la tecnología. Sin ellos, no habrá libertad en nuestro futuro.

Necesitamos proteger la tecnología y la libertad de las personas para formar organizaciones que sean transparentes, sujetas al escrutinio, reguladas y que operen dentro de la ley del país.

Y por supuesto, tenemos que quitarle el "fuego" y la capacidad de coordinación a los 600 primates que están esclavizando al mundo.

Reinaldo Aguiar

Apéndice A.2: Documentación estratégica

ESTAS PIEZAS CONTIENEN detalles técnicos sobre las operaciones de la red y las comunicaciones formales.

La táctica de la "disputa de propiedad intelectual": el algoritmo de Hine

EL ALGORITMO DE HINE es una artimaña legal diseñada para robar propiedad intelectual o inventos de aspirantes a empresarios tecnológicos y atribuirlos a Travis Kalanick, eBay, Fabrice, etc.

Como referencia, leí en alguna parte que Fabrice tuvo "más de 1500 salidas de startups en los últimos 10 años". Creo que eso significa que, básicamente, crea y vende una startup desde la idea hasta la salida, en un promedio de 3 días. Mientras que, para el resto de nosotros, desarrollar una startup lleva años. Debe ser increíblemente talentoso, pero me estoy desviando del tema.

El algoritmo/ardid de Hine tiene diferentes dimensiones que se ejecutan independientemente, a veces con varios años de diferencia entre sí, pero en general, estas son las partes de alto nivel del algoritmo:

1. Robar la tecnología utilizando agentes extranjeros no registrados e interceptación ilegal del tráfico de red del objetivo.
2. Emplear al objetivo ya sea directamente o a través de una empresa bajo el control de Travis Kalanick (no bajo el de eBay, por razones de responsabilidad).
3. En el lugar de trabajo del objetivo, coloque una figura famosa, por ejemplo un científico informático famoso, y asegúrese de que se cruce con el objetivo (para argumentar más tarde, si es necesario, que el objetivo en realidad robó la idea de la figura famosa que había estado en contacto con Travis Kalanick).
4. Incorporar a un ingeniero de eBay a la misma empresa y equipo que el objetivo. Después de un par de meses, obligar al ingeniero a renunciar y volver a contratarlo en eBay.

5. Introducir una "novia" en la vida del objetivo. La novia tiene la tarea de:
    a. Llevar al objetivo a un lugar público donde lo fotografiará junto a una celebridad que se reunirá con Travis Kalanick o un miembro destacado de su equipo ese mismo día en ese mismo lugar (para argumentar que estaban "hablando de esa idea en su mesa" y que el objetivo podría haberla escuchado y haberla robado).
    b. Sedar o drogar al objetivo sin su consentimiento para: i) clonar el disco duro de su computadora; y ii) tomar fotografías del objetivo mientras está sedado/drogado para desacreditarlo más tarde.
6. Coloque una figura de autoridad en el lugar de residencia del objetivo, como el presidente de la Asociación de Propietarios, el presidente de la Junta de Condominios, etc. Haga que la figura de autoridad envíe correos electrónicos agresivos llenos de declaraciones falsas y mentiras que desprestigien la reputación y el juicio del objetivo. Asegúrese de que el presidente/figura de autoridad mencione algo como que el objetivo "parece estar escondiéndose de alguien" o que es "un completo desconocido". Esto será útil más adelante, cuando llegue el momento de que el Sr. Hine presente sus argumentos finales.

Finalmente, si hay una disputa sobre propiedad intelectual, el Sr. Hine depondrá a Travis, quien dirá:

[Voz de Travis]: "Escuché casualmente a un desconocido hablando de algo en un estacionamiento, pero parecía actuar de forma irracional. Ese día quedé con *Paul McCartney* para cenar y hablábamos de

%INSERT_KEYWORD_THAT_DESCRIBES_THE_TECHNOLOGY y así es como imagino que robó la idea. Pero fui *yo*, su señoría, quien tuvo la idea original. Él es un completo desconocido, mientras que yo soy un conocido CEO que cena con Paul McCartney y tengo a James Gosling, el inventor del lenguaje de programación Java, en el teléfono de marcación rápida."

Y luego el Sr. Hine tomará declaración a varios "testigos" de alto perfil que asesinarán el carácter del objetivo bajo juramento.

¿A quién le va a creer el tribunal? - Caso cerrado, historia reescrita.

Trucos reales desplegados por David F. Hine para ejecutar el algoritmo de Hine

LA ARTIMAÑA DEL NORTE del estado de Nueva York

La agente María Eugenia Rojas (amiga íntima de Nelson Lara y Daisy Lara) me invitó a una escapada de fin de semana con amigos. Con todo lo que he aprendido en los últimos meses, ahora entiendo que muchos de esos amigos eran agentes de la organización criminal. Detallaré algunos datos:

1. Había dos jóvenes (atractivas) llamadas "Angélica" (creo). Una de ellas era la que supuestamente salía con John Utendahl y se alojaba en una de las muchas suites que John Utendahl alquilaba durante todo el año en un hotel del centro de Nueva York (obtuve todos estos datos directamente de María Eugenia).
2. El esposo de una de las Alejandra era un aspirante a empresario que trabajaba en una startup con una idea de energía renovable que se usaría para la minería de criptomonedas (suena como Emil Michael hablando).
3. En este viaje, creo que la primera noche, María Eugenia me

dio media copa de vino y un cigarrillo, y después perdí el conocimiento por completo. No recuerdo cuánto tiempo estuve inconsciente. Pensé que era una reacción adversa al alcohol (no bebo). En retrospectiva, este episodio me recuerda mucho al episodio con Francisco Godoy en el Auditorio Fillmore de San Francisco.

Nota: Llevé mi portátil MacBook Pro al viaje. El portátil contenía el código fuente que yo había escrito. El ingenuo Reinaldo nunca salía de casa sin su portátil equipado con módems chinos de wifi/Bluetooth y su código fuente. Hipótesis: Es posible que me drogaran para copiar el contenido del disco duro del portátil.

La artimaña de "los Hamptons"

Para esta artimaña, la agente María Eugenia me invitó a los Hamptons. Dijo que se encargaría de toda la logística. Organizó una cena en un restaurante elegante. Sucedieron varias cosas extrañas en este viaje, pequeñas cosas, y no sé cuál era el objetivo final de esta artimaña, pero me suenan a "Travis". Aquí hay una muestra de las cosas que me parecieron extrañas:

1. El restaurante era muy exclusivo, requería reservar con meses de antelación, pero María Eugenia "encontró" una mesa con apenas unos días de aviso.
2. Cuando nos sentamos a la mesa, miré a mi derecha y, ¿adivinen quién estaba allí? Paul McCartney, el ex Beatle, en carne y hueso. ¿Qué probabilidades hay de que fuera así? Nunca había estado tan cerca físicamente de alguien tan famoso (en toda mi vida) como esa noche. No le di mucha importancia, simplemente reconocí su presencia a María Eugenia, pero lo mencioné porque es posible que Travis estuviera cerca, ya que parece querer acercarse a gente

famosa y glamurosa; parece estar obsesionado con eso (como en la Gala de Ayuda para el SIDA que describí antes).

3. La agente María Eugenia, de nuevo en este caso, me insistió a diario para que no cancelara a última hora; quería asegurarse de que realmente fuera a los Hamptons. Supongo que porque Travis o alguno de ellos iba a estar allí (pero esto es solo una teoría, no los vi allí).
4. Mientras esperábamos la mesa, Ana Gannon (Codallo), hija del líder militar venezolano Peter Codallo y amiga de toda la vida, me llamó por teléfono y empezó a hacerme preguntas técnicas. No recuerdo qué era exactamente, pero estaba relacionado con una tecnología en la que estaba trabajando; podría haber sido algo relacionado con el pipeline de ingesta (en el que le había asignado trabajo a Ana).

Hipótesis: Es posible que estuvieran inventando una explicación de cómo "se les ocurrió la idea de inventar la tecnología" en caso de que los demandara, por ejemplo:

[Voz de Travis]: "Un día, mientras cenaba con *Paul McCartney*, escuché casualmente a un tipo desconocido hablando de algo relacionado en un estacionamiento, y así fue como, *yo*, su señoría, tuve la idea. Corrí inmediatamente a la oficina y escribí un prototipo con Emil".

¿A quién le va a creer el tribunal? - Caso cerrado, historia reescrita.

Puntos de datos adicionales:

a. Esto fue solo unos días después de haberle dado acceso a Álvaro Gutiérrez al repositorio de código, ya que supuestamente me iba a ayudar a desarrollar un complemento de ingesta más robusto en C# (no tengo mucha experiencia con C#).
b. Ampliando la hipótesis sobre los objetivos de la artimaña (y esta es otra hipótesis): Es posible que esto también explique los numerosos comentarios del agente Phil Denning, en los que mencionó cosas como que yo era "un desconocido", que provenía de un "país del tercer mundo", que nunca había estado rodeado de "gente adinerada" y que me estaba "escondiendo de algo". Todas estas afirmaciones respaldarían o proporcionarían una verificación independiente de las declaraciones de Travis en la hipotética disputa de propiedad intelectual descrita anteriormente. De nuevo, esto tiene "David F. Hine" escrito por todas partes (de nuevo).

El científico informático famoso: Parte I: El inventor del lenguaje de programación Java

Esta es buena: Mi semana de introducción a Noogler ha sido marcada. Es un curso intensivo de una semana que imparten a los ingenieros que se incorporan a Google para enseñarles a usar las herramientas de desarrollo internas de Google.

La anomalía estadística radica en que durante mi clase de Noogler, sentado a mi lado estaba James Gosling, el inventor del lenguaje de programación Java (creo que de Calgary, Alberta).

Para ofrecer una analogía que permita comprender este evento, esto equivaldría, por ejemplo, a que, si usted es oftalmólogo, se siente durante una semana junto al inventor de la tecnología LASIK. El lenguaje Java del Sr. Gosling se utiliza, entre otras muchas cosas, para desarrollar todas las aplicaciones que se ejecutan en dispositivos Android.

¿Cuáles son las posibilidades de que eso sea orgánico sabiendo todo lo que sabemos hoy?

El científico informático famoso: Parte II: El inventor de un algoritmo conocido

Un evento similar que se agrupaba con mi clase de Noogler: En mi equipo de Local Search Ranking en Nueva York, creo que alrededor de 2016, contrataron a Steven Fortune (otro famoso informático), inventor del algoritmo Fortune, que se enseña en muchos programas de informática de universidades de todo el mundo (hay una página en Wikipedia que explica su funcionamiento). Mi jefe de entonces me pidió que ayudara a Steven Fortune a desarrollarse (lo cual fue un honor para mí).

Una de las preguntas sin respuesta: ¿Por qué Travis organizaría eso? ¿Podría ser que el Sr. Hine inventara una historia o afirmación creíble usando figuras famosas como lo hizo con Paul McCartney en la artimaña de los Hamptons? Solo el tiempo lo dirá.

Como apunte, estos dos eventos descritos ilustran exactamente lo que quise decir cuando escribí hace un tiempo que entiendo que soy una creación de Travis Kalanick: en un "mundo orgánico", es muy improbable que hubiera tenido las oportunidades de aprendizaje que he tenido, o conocido a las personas extraordinarias que he conocido en los últimos 18 años, y que, de una forma u otra, moldearon la persona que soy. Se necesita una aldea para criar a un niño, y ellos construyeron una aldea increíble que es improbable que se repita en la naturaleza, y me pusieron en ella.

Arriesgando lo obvio, el error de cálculo fue que el pueblo, en lugar de matarme, me equipó para luchar contra ellos.

Respetuosamente, me encargo del descubrimiento del "algoritmo de Hine".

Para completar, esta tabla resume la lista de personas que participaron en esta versión del algoritmo de Hine y sus roles:

Persona	Rol
David F. Hine, CRE	Ingeniero jefe de Ruse
John Utendahl	Financiero, presentador, novio de Angélica, potencial testigo
Maria Eugenia Rojas	Anestesióloga, Fotógrafa de celebridades, Fotógrafa de Target, Testigo
Grupo de amigos de María Eugenia	Seis individuos, posibles testigos, este grupo incluye a Angélica quien según María Eugenia Rojas salió con John Utendahl
Paul McCartney	Figura famosa de renombre mundial
James Gosling	Inventor del lenguaje de programación Java, testigo potencial
Steven Fortune	Inventor del algoritmo de Fortune, testigo potencial
Roberto Konow	Gerente del equipo de Búsqueda en eBay, luego Gerente del equipo de Búsqueda en Twitter (mientras Reinaldo fue trasladado al mismo equipo), luego renunció para reincorporarse a eBay como Director justo 6 meses después de dejar eBay para unirse a Twitter.
Phillip E. Denning	Agente no registrado, Presidente de la Asociación de Propietarios, Acosador
Laurie B	Agente no registrado, esposa del presidente de la Asociación de Propietarios, acosador
info@postoakproperties.com	Empresa de gestión de HOA, testigo

Persona	Rol
Tiffany Harper Tiffany@compassld.com	Miembro de la junta de la Asociación de propietarios de viviendas, posible testigo
Brian Kraushaar bkraushaar@bmitx.com	Miembro de la junta de la Asociación de propietarios de viviendas, posible testigo
Bud Walters budw@pieperhouston.com	Miembro de la junta de la Asociación de propietarios de viviendas, posible testigo
Ana Gannon (Codallo)	Amiga de Target, empleada por Transalta (una empresa bajo el control de Travis Kalanick), encargada de llamar al objetivo en el momento exacto mientras esté cerca de Travis Kalanick o un miembro destacado de su equipo.
Peter Codallo	Líder militar de Venezuela, padre de Ana Codallo, reclutador de Travis Kalanick
Travis Kalanick	Demandante de propiedad intelectual
Reinaldo Aguiar	Objetivo

Cuento 23 personas colaborando en esta versión del algoritmo de Hine, actuando contra el objetivo.

Veintitrés contra uno (sin contar a los demás abogados y asistentes legales), con razón salen 150 startups al año (cada una de ellas). Es una fábrica de robo de empresas tecnológicas enteras. De eso se trata.

Volvamos a los años 90

FINALES DE MARZO DE 2025

Noté algo recientemente en la casa de Daniel King Everette: Parece que cuando los "Kilpatricks" realizan su protocolo de extracción, utilizan autos clásicos (no un auto con una computadora a bordo).

Creo que era un Mustang GTO de los años 70, aunque puedo estar equivocado sobre el modelo real, pero era un coche clásico más o menos de esa época, de color rojo brillante.

Me imagino que aprendieron de aquel incidente en Miami hace unos años en el que la computadora de a bordo tenía todo el historial del GPS, leí algo sobre eso hace años.

Así que parece que mi recomendación a la juventud estadounidense de comprar coches estadounidenses fabricados con componentes estadounidenses y con la tecnología más básica posible es, sin duda, la mejor opción si se quiere evitar el espionaje extranjero. ¡Confirmado por el FSB!

Hablando de eso, quizás sería un buen experimento cruzar esas coordenadas con spyhell.org.

Solicitud formal de estatus de prisionero de guerra (POW)

4 DE MARZO DE 2025

DE: Reinaldo Aguiar - 2302 Britton Ridge Drive, Katy, TX 77494

PARA: Xi Jinping, Vladimir Putin, Vladimir Padrino López y Miguel Díaz-Canel

CC: El Honorable Fiscal General de Texas, Ken Paxton

CC: Oficina Federal de Investigaciones (FBI), Unidad de Crimen Organizado, Grupo de Trabajo contra la Mafia de PayPal

Caballeros,

Por la presente solicito formalmente que se me conceda el estatus, el trato y las garantías de un prisionero de guerra, tal como se detallan en las Convenciones de Ginebra de 1929 y 1949.

Dadas las circunstancias ampliamente documentadas a lo largo de los últimos 12 meses, es un hecho claro, notorio, público y obvio que me tienen preso en mi propia residencia, rodeado de su personal militar y bajo la constante amenaza de violencia y muerte si pongo un pie fuera de la puerta.

Creo que la definición técnica exacta para este tipo de encarcelamiento detallada en la Convención podría ser "Internamiento Civil", aunque puede que no sea aplicable en este caso porque, legalmente hablando, usted no posee los poderes legales para categorizar mi posesión de su índice geográfico como una "amenaza a la seguridad nacional", ya que su personal militar y yo estamos todos en suelo estadounidense.

Creo que la categorización más correcta sería la de "Prisionero de Guerra" (POW).

Les recuerdo que, según los estatutos de la Convención de Ginebra de 1949, todos los prisioneros de guerra deben ser tratados con humanidad en todas las circunstancias. Los prisioneros de guerra deben estar protegidos contra cualquier acto de violencia, así como contra la intimidación, los insultos y la curiosidad pública.

La Convención también define condiciones mínimas aceptables de detención que abarcan cuestiones como alojamiento, alimentación, vestimenta y atención médica, todas las cuales se han vuelto inaccesibles para mí debido a los persistentes e implacables ataques y amenazas de su personal militar que opera en suelo estadounidense, y especialmente en Katy, Texas.

Aprovecho la oportunidad para recordarles que matar a un prisionero de guerra es un grave crimen de guerra castigado con la muerte según el derecho internacional.

Firmado,

s/Reinaldo Aguiar/

Prisionero de guerra, prisión de Lake Pointe Estates, Katy, Texas, 77494 2302 Britton Ridge Drive, Katy, Texas 77494

Apéndice B: Informe oficial del denunciante (formulario 211) presentado al Servicio de Impuestos Internos (IRS)

El formulario completo que contiene las más de 164.000 páginas se puede descargar en: https://form211.org/

Cronología de los acontecimientos

UNA VISIÓN CRONOLÓGICA de los acontecimientos claves de la narrativa.

- **2001-2002:** El autor trabaja con **Albenis Hernández**, un presunto agente encubierto, en un programa de ingeniería de "élite" en PDVSA, la petrolera estatal de Venezuela. (P2, C2)

- **2005:** El autor es el blanco de la primera artimaña de "Adquisición de Sociedad" por parte de sus amigos de la escuela secundaria, **Hidalgo Martínez** y **José Alberto Inciarte**, en un intento de robarle su primera startup. (P6, C9)

- **2005:** El autor conoce a **Ana Gannon** en Calgary, iniciando una operación de "trampa de miel" que durará dos décadas. (P2, C3)

- **2008:** El autor es inducido a comprar un **apartamento precomprometido** en Calgary con vista directa a la Embajada de China. (P4, C1)

Aprox. 2010-2012: La red ejecuta varias artimañas diseñadas por **David F. Hine** para crear un pretexto para el robo de propiedad intelectual, incluyendo la "artimaña del norte de Nueva York" y la "artimaña de los Hamptons", que implica un encuentro simulado con Paul McCartney. (P6, C10)

- **2011:** Una agente, **Reneta Gesheva**, invita al autor a un viaje por carretera a un hotel en San Luis Obispo, California, que está marcado en el índice geográfico de Elon Musk.

- **2011:** El autor es manipulado para vender su Mercedes-Benz comprometido, que contiene el código fuente de su startup, a **Ana Gannon**. (P2, C3)

- **2012:** El viaje del equipo del autor a Belo Horizonte, Brasil, sirve como tapadera para que la red comprometa a todo su equipo local para el **Robo de NAVBOOST**. (P3, C3)

- **Finales de 2014:** El autor se muda a Valleyside Drive en Katy, Texas, donde lo espera el círculo social "preempaquetado" de la cadena, el **equipo de ConocoPhillips**. (P2, C1)

- **Aprox. 2018-2020:** El autor sufre una campaña de acoso diario durante dos años por parte del agente de la red **Scott Weinstein** dentro de Goldman Sachs. (P6, C5)

2019: El autor se somete a un procedimiento cosmético durante el cual cree que el **Dr. Vitenas** le realizó una vasectomía encubierta como parte de un ataque psicológico a largo plazo. (P6, C14)

- **16 de noviembre de 2023:** Llega el clúster de cómputo HP c7000 personalizado del autor, que se convierte en el motor de su contraofensiva. (P3, C1)

- **Febrero de 2024:** El autor cae en una trampa de contrainteligencia por culpa del **Agente "Kike"** y el **Agente "Cody"**. (P6, C2)

- **11 de septiembre de 2024:** El autor captura con éxito el **Geoíndice de Elon Musk**. (P3, C2)

28 de marzo de 2025: El hijo de tres años del autor, Marcelo, es sacado de su casa, lo que da inicio al desenlace del conflicto. El agente que acudió primero, el agente Bell, se niega a presentar un informe. «(P6, C1), (P6, C4)»

- **3 de abril de 2025:** La **oficial Gloria** intenta asesinarla con una pluma envenenada. (P5, C2)

- **1 de junio de 2025:** Una **YubiKey** crítica es robada de la casa del autor. (P5, C2)

- **Junio de 2025: El juez Richard T. Bell** y el juez Oscar Telfair III** emiten una orden legalmente contradictoria que obliga al autor a mediar mientras se cuestiona su capacidad mental. (P6, C4)

- **27 de junio de 2025:** El autor participa en la **Mediación por Escenarios** resultante. (P6, C3)

2 de julio de 2025: El autor presenta una Moción de Recusación contra el juez presidente. Esta moción es posteriormente denegada por la Jueza Susan Brown, designada por el Gobernador Abbott, quien actúa como guardiana judicial. (P6, C7)

- **25 de julio de 2025: Actuando pro se en el caso 25-DCV-328122, el autor presenta una "Respuesta en Oposición", desafiando directamente el intento de la cadena de utilizar el sistema legal para censurar su libro. (P6, C7)**

Índice de personajes, grupos y entidades

UN ÍNDICE ALFABÉTICO de figuras y organizaciones clave mencionadas en el libro.

- **Ley ACME:** Un término satírico utilizado por el autor para referirse a la aparente colusión entre el bufete de abogados Adams y Roberts Markel Weinberg Butler Hailey PC para acosarlo legal y financieramente e intentar censurar su libro. (Glosario)

Bufete de Abogados Adams: El bufete que representa a la expareja del autor, compuesto por los agentes de la red Morgan Hybner y Tina Simon, presentó mociones para que se declarara al autor mentalmente incompetente y se censurara su libro. Los directores del bufete también gestionaron el divorcio simulado de la expareja del autor y la identidad falsa de "Salvador Méndez" en 2014. (P6, C1), (P6, C18)

- **Adams, Thomas A. IV:** Un director del bufete Adams, quien fue uno de los abogados involucrados en el divorcio simulado de 2014 de "Salvador Méndez" y la posterior campaña legal contra el autor. (P6, C18)

- **Adams, William K.:** Un director del bufete de abogados Adams, quien fue uno de los abogados involucrados en el divorcio simulado de 2014 de "Salvador Méndez" y la posterior campaña legal contra el autor. (P6, C18)

- **Aguiar, Reinaldo:** El autor y protagonista. (Introducción)

- **Altuve, Jose:** Un destacado jugador de béisbol profesional y activo de la red, cuyo cheque personal fue utilizado como parte de una "artimaña de préstamo" para manipular al autor. (P2, C2)

- **Baez, Mario E.:** El funcionario jefe del Servicio de Rendición de Cuentas de las Naciones Unidas, que está marcado en el geoíndice y fue presentado al autor por Nelson Lara. (P2, C8)

- **Banitt, Oficial:** Un oficial de policía de Fulshear comprometido (placa n.° 929) que detuvo al autor en una parada de tráfico simulada. (P6, C2)

- **Bell, Juez Richard T.:** Uno de los dos jueces del condado de Fort Bend que emitieron la orden legalmente contradictoria que obligaba al autor a acudir a la mediación. (P6, C4)

- **Bell, Oficial:** Un agente del Sheriff del Condado de Fort Bend (Placa #4355) que se negó a presentar un informe obligatorio de persona desaparecida para el hijo del autor. (P6, C1), (P6, C4)

- **Boscan, Carolina:** Un agente de la red e interés romántico del pasado del autor en Venezuela, que fue reactivado para dirigir operaciones de inteligencia. (P2, C3)

- **Broussard, Dra. Marjorie:** Un activo médico de la red y médico de familia del autor. (P2, C7)

- **Brown, Jueza Susan:** La Jueza Presidente y designada por el Gobernador Abbott, que actuó como guardián judicial al denegar la Moción de Recusación del autor. (P6, C7)

- **Bustillos, Luis:** Un amigo de varias décadas que actuó como "Agente de Referencia" de la red, orientando al autor a comprar las sillas de tortura. (P5, C1)

- **Cabello, Diosdado:** Una figura política y militar venezolana de alto rango identificada como un líder clave de la red. (P2, C8), (P6, C15), (Apéndice B)

- **Cantero Mena, Alvin:** Un activo médico y un médico de la red, agrupado por el oleoducto Spyhell junto con otros profesionales médicos comprometidos en la vida del autor, incluida Penélope Suárez.

- **Carr, Brendan:** El director interino de la FCC, identificado por el autor como un potencial guardián. (P6, C1)

- **Casey, James (Jim):** Un ejecutivo clave de Akamai identificado como una figura central en las operaciones de guerra legal y ataques digitales de la red.

- **Castillo, Francisco:** Un agente de la red que se hizo pasar por conductor de Uber, vigiló al autor y estuvo involucrado en múltiples complots, incluyendo el sabotaje de los frenos. Fue co-agrupado por el Oleoducto Spyhell con Penélope Suárez. (P2, C1), (P5, C5)

- **Castillo, Jose:** Un agente de la red que se hizo pasar por un manitas se infiltró en la casa del autor y ejecutó una "artimaña de préstamo". (P2, C2)

- **Servicios de Inteligencia Chinos (MSS):** El Ministerio de Seguridad del Estado, la principal agencia de inteligencia exterior civil de la República Popular China.

- **"Cody", Agente:** Un agente del FBI comprometido o falso utilizado para ejecutar una operación de contrainteligencia contra el autor. (P6, C2)

- **Equipo de ConocoPhillips:** Un círculo social "prefabricado" desplegado para vigilar al autor en Texas. (P2, C1)

- **Cooley, Diana (también conocida como Diana Aaron):** Un agente "conector" clave de la red en el vecindario de Valleyside Drive. (P6, C10), (P6, C13)

- **Cossart, Bill:** Un agente de ventas externo y un activo de la red que, junto con Max Tarasiouk, participó en la artimaña para obtener información sobre la tecnología del autor bajo la apariencia de una sociedad comercial. (P6, C9)

- **Servicios de Inteligencia de Cuba (DI):** La Dirección de Inteligencia, la principal agencia de inteligencia de Cuba.

- **Dean, Jeff:** Un ingeniero legendario de Google y una figura casi mítica en la industria del software, marcado por Spyhell Pipeline como un activo de la red.

- **Deayala, Dr.:** Un activo médico en red en Houston, agrupado por el oleoducto Spyhell con otros profesionales médicos comprometidos involucrados en la campaña contra el autor, incluida Penélope Suárez.

- **Denning, Phil:** El vecino del autor y presidente de la asociación de propietarios local, identificado como un coordinador clave sobre el terreno para complots de acoso y asesinato. (P5, C3), (P6, C18)

- **Donovan, Jim:** Un ejecutivo de alto nivel de Goldman Sachs, identificado como un "agente de poder" que sirve como nexo entre la empresa y la política de Washington para la red.

- **Escobar, Ibeth:** Una novia de la universidad del autor que fue reactivada por los Servicios de Inteligencia Venezolanos (el SEBIN) años después para ejecutar operaciones de inteligencia. (P2, C6)

- **Espina, Nelio y Jenny:** Operativos de los Servicios de Inteligencia de Venezuela, co-agrupados con la familia

Finol, quienes estuvieron involucrados en múltiples complots de infiltración. (P2, C1), (P5, C1)

- **Fagan, Eric:** Sheriff del condado de Fort Bend, identificado como el guardián de alto nivel de su departamento. (P6, C3)

- **Felipe-Adams, Denise:** Un familiar del alcalde de Nueva York, Eric Adams, y un empleado de la ciudad de Nueva York. (P2, C8)

- **Fernández, Leonel:** El expresidente de la República Dominicana, a quien el autor le hizo una demostración de tecnología. (P2, C8)

- **Fernández de Torrijos, Vivian:** La ex primera dama de Panamá, a quien el autor le hizo una demostración de tecnología. (P2, C8)

Finol, David (Sr.): El patriarca de la familia Finol, una célula clave de la inteligencia venezolana en Katy, Texas. Su residencia familiar en Maracaibo, Venezuela, se encontraba a menos de 60 metros de la casa familiar del general Rosendo.

- **Finol, David (Jr.):** El hermano de "Katy-Agente-Zero" Rosana Finol y un activo de la red que posee múltiples propiedades controladas por la red en Katy, TX. (P2, C4)

- **Finol, Rosana ("Katy-Agent-Zero"):** Un activo de la red de largo plazo que mencionó por primera vez a "Katy" al autor en 2012. (P2, C4)

• **FSB (Servicio Federal de Seguridad):** La principal agencia de seguridad de Rusia y la principal agencia sucesora del KGB de la Unión Soviética.

• **Gannon, Ana:** Un agente venezolano que ejecutó una operación de "trampa de miel" de dos décadas contra el autor. (P2, C3)

• **Gao, James:** Un activo de la red y colega del autor en Twitter, que trabaja para Elon Musk y Travis Kalanick.

• **Godoy, Francisco:** Un agente de la red, que se cree que es un médico que se hace pasar por ingeniero de Google, que drogó al autor en un concierto en San Francisco. (P5, C2)

• **Godoy, Manuel:** El hermano de Francisco Godoy y el CEO de Félix Pago, una empresa de pagos en línea que se cree está controlada por Elon Musk.

• **Gloria, oficial:** Una agente comprometida de la Oficina del Sheriff de Fort Bend (placa n.° 4137) que llevó a cabo un intento de asesinato directo con un bolígrafo envenenado. (P5, C2), (P6, C3)

• **Goldman Sachs:** El banco de inversión donde el autor fue objeto de una campaña de acoso selectivo y un proceso de arbitraje corrupto. (P6, C5), (P6, C4)

• **Google:** El antiguo empleador del autor, cuya principal tecnología de búsqueda, NAVBOOST, fue objeto de un robo masivo de propiedad intelectual. (P3, C3)

• **Grinda, Fabrice (a/k/a Dr. Cooper):** Fundador de OLX y miembro clave de la "mafia de eBay", identificado como uno de los principales antagonistas que orquestaron las campañas de espionaje contra los primeros sitios web de clasificados del autor.

• **Gutierrez, Silvio:** El hermano de Álvaro Gutierrez y el CEO de JoyApp, una empresa de "Tecnología de salud y alimentos" que se cree es una fachada de Travis Kalanick y Cloud Kitchens.

• **Ja, Vida:** Un oficial de inteligencia chino y un agente encubierto que se infiltró en varias empresas de tecnología, incluidas Google y Databricks.

• **Hernández, Albenis:** Un agente encubierto del Servicio de Inteligencia de Venezuela (SEBIN) y "conector" que estuvo presente durante toda la vida adulta del autor. (P2, C2)

• **Hine, David F.:** Socio del bufete de abogados Vorys y "Ingeniero Jefe de Engaño" de la red, responsable del diseño del "Algoritmo de Hine". (P6, C10)

• **Hirji, Anna:** El Director Asociado de la Oficina de Denunciantes del IRS, identificado por el autor como un potencial guardián. (P6, C1)

• **Hyatt, Andrew:** Un ex colega del autor en Google y un activo de la red.

• **Hybner, Morgan:** Un abogado afiliado a la red. (P6, C3), (P6, C6)

- **Inciarte, Jose Alberto:** Un amigo de la escuela secundaria del autor que participó en la primera artimaña de "Toma de control de socios" de la cadena en su contra en 2005. (P6, C9)

- **Servicios de Inteligencia Iraníes (MOIS):** El Ministerio de Inteligencia de la República Islámica de Irán, identificado como un socio clave en la coalición de la red.

- **"Jota":** Un artista venezolano y activo de la red cuyo arte fue utilizado como un "caballo de Troya" para contrabandear marcos de fotos intervenidos a la oficina del autor. (P4, C3)

- **Kalanick, Travis:** Fundador de Uber y arquitecto clave de la aplicación "HELL" y el índice geográfico de la red. (P3, C2), (Glosario)

- **Kanetkar, Kavita:** Un activo de la red y colega del autor en Twitter, que actuó como "agente de referencia" para entrevistas de trabajo simuladas.

- **Kassissieh, Issa ("Issao"):** Un ex colega de Google y gerente del equipo "Union", con el conocimiento técnico específico para ejecutar el ataque de desindexación en el sitio web del autor. (P3, C4)

- **"Kike", Agente (Enrique Morales):** Un agente de ICE comprometido que atrajo al autor a la trampa de contrainteligencia del "Agente Cody". (P6, C2)

- **Kilpatrick, Ross:** Un activo de la red e instructor de gimnasio que formó parte de la operación de vigilancia en Katy. (P2, C1)

- **KOL-Mobile:** El vehículo blindado personalizado del autor, que sirve como su herramienta principal de contravigilancia. (P4, C3), (P6, C14)

Korn, Adam: El gerente de contratación de Goldman Sachs y el agente de red que ejecutó la artimaña del comunicado de prensa de "Business Insider" para obligar al autor a dejar Google. Su hermano es el inventor de Korn Shell.

- **Krukowska, Joanna:** Operadora de red, agente de la TSA e instructora acreditada para nuevos agentes de la TSA, que actuó como "Agente referente" en el ámbito médico. (P5, C2)

- **Lane, Dr. William E.:** El médico que administró la inyección epidural del autor en un entorno hospitalario donde el personal reaccionó con un silencio escalofriante y prolongado. (P5, C2)

Lara, Nelson: Un agente político de alto rango que orquestó la "Trampa de Caracas". Es amigo cercano o familiar de su compañera agente María Eugenia Rojas. (P2, C8)

- **Lashuk, Kirill:** Un ex colega del autor en Twitter, identificado como un activo de la red que trabaja para Elon Musk y Travis Kalanick.

- **Lecompte, Julien:** Un ex colega del autor en Yahoo, identificado como un activo de la red que trabaja para Bill Gates.

- **Ledezma, Antonio:** Un destacado político venezolano y ex alcalde de Caracas, a quien el autor fue presentado por Nelson Lara. (P2, C8)

- **Leeds, Howard:** El contador comprometido del autor en Nueva York, que orquestó una auditoría fiscal sospechosa como parte de la artimaña del IRS. (P6, C11)

Luginin, Kirill y Tucker, Emma: Marido y mujer. Tucker, editor jefe de *The Wall Street Journal*, está involucrado en una demanda que el autor identifica como una posible "demanda como pago". (P6, C8)

- **Luzinova, Olesya:** Una ex colega de Google y un interés romántico que actuó como una "trampa de miel" en una operación coordinada con Pavel Shatilov para robar el código de inicio del autor. (P2, C5)

Mansur, Dr. (alias "El Científico Loco"): Un activo médico clave para la red en Texas, referido al autor por el agente Harold Martínez e implicado en el ataque biológico contra el autor y su hijo pequeño. Fue co-agrupado por el Oleoducto Spyhell con Penélope Suárez.

- **Martínez, Harold:** Un agente de la red que se hizo pasar por el novio de la cuñada del autor, se infiltró en su casa, entregó una pintura intervenida y fue una figura clave en la trama del "Regalo de inauguración de la casa y robo biológico".

- **Martínez, Hidalgo:** Un amigo de la escuela secundaria del autor que participó en la primera artimaña de "Toma de control de la sociedad" de la cadena en su contra en 2005. (P6, C9)

• **Martínez, Luis:** Un agente de alto rango del Servicio de Inteligencia Nacional de Venezuela (SEBIN) y agente "conector" que conectaba los dos círculos sociales separados y comprometidos del autor. (P2, C7)

• **Martin, Mariana:** Un operativo de red dentro de la oficina de Google en Nueva York que realizó un ataque físico-digital intercambiando teléfonos. (P2, C4)

• **Mediratta, Bharat:** Un director de ingeniería senior de Google y una figura clave en el círculo íntimo que orquestó el atraco de NAVBOOST y el ataque Man-in-the-Middle de GWS. (P3, C4)

• **Molero, David (también conocido como Daniel King Everette, "El Clon"):** Un agente de alto nivel de la red implicado por un informante en múltiples complots de asesinato. (P5, C4), (P5, C5)

• **Mueller III, Robert S.:** Un exdirector del FBI, cuya casa está identificada como un activo de red de alto nivel utilizado para facilitar operaciones de acoso y el secuestro del hijo del autor. (P6, C1), (P6, C20)

• **Musk, Elon:** Una figura central en la "Mafia de PayPal" y el líder técnico que dio nombre al geoíndice capturado. (P3, C2), (P6, C15), (Apéndice B)

• **Neufield, James:** Un ex colega del autor en Twitter, identificado como un activo de la red que trabaja para Elon Musk y Travis Kalanick.

- **Nguyen, Nam:** Un ex colega del autor en Yahoo, identificado como un activo de la red que trabaja para Bill Gates.

- **O'Connor, Douglas:** Un funcionario del IRS de la Oficina de Denunciantes, identificado por el autor como un posible guardián. (P6, C1)

Omidyar, Pierre: Fundador de eBay y figura clave de la «Mafia de PayPal». Se le identifica como uno de los principales antagonistas de los ataques a los primeros sitios web de clasificados del autor. (P6, C15), (Apéndice B)

- **Oreaga, Bianca:** Una agente política en Panamá con conexiones directas con David Plouffe, quien fue presentado al autor por Nelson Lara. (P2, C8)

- **Oxenford, Alec:** Fundador de MercadoLibre y OLX, identificado como uno de los principales antagonistas que orquestaron las campañas de espionaje contra los primeros sitios web de clasificados del autor.

- **Pérez, Carlos:** El hijo de Glory Pérez, quien fue insertado como asistente personal del autor en Key Opinion Leaders en 2023 para actuar como una amenaza interna.

- **Pérez, Edith:** Una agente de la red y un interés romántico del pasado profundo del autor, que fue reactivado y luego se mudó a Katy, TX. (P2, C5)

- **Pérez, Glory:** Una agente de la red que trabaja en la Organización de los Estados Americanos (OEA) en

Washington DC, que ejecutó una "artimaña de préstamo" e insertó a su hijo, Carlos Pérez, en la empresa del autor.

• **Popova, Elena:** Una ciudadana rusa y un importante operador financiero identificado como una figura central en la fábrica de hipotecas de Luisiana. (P6, C13)

• **Rabanus, Dr.:** Un dentista de San Francisco que torturó al autor realizándole un procedimiento dental de dos horas sin anestesia y luego lo drogó. (P5, C2)

• **Reid, Elizabeth:** Un ejecutivo de alto nivel de Google, a quien el autor asevera que posicionó personalmente a las figuras clave del atraco de NAVBOOST, quienes luego ejecutaron el robo.

• **Rettig, Charles P.:** El ex director del IRS, identificado por el autor como un potencial guardián de alto nivel. (P6, C1)

• **Rojas, Maria Eugenia:** Una agente de la red involucrada en la "Engaño del Norte de Nueva York", cuyo pago fraudulento de hipotecas fue rastreado hasta la célula financiera de Luisiana. (P6, C11), (P6, 10)

General Manuel Rosendo: General militar venezolano de alto rango y figura histórica. La familia de David Finol Sr., miembro de la red, vivía muy cerca de su residencia.

• **Sanchez, Verónica:** Un contador público comprometido en Texas, que deliberadamente puso la dirección incorrecta en la declaración de impuestos del autor. (P6, C11)

- **Scholtz, Kyle:** El gerente directo del autor en Google que, bajo la dirección de Bharat Mediratta, participó en la operación para convertir Google Web Server (GWS) en un punto de ataque "Man-in-the-middle", comprometiendo los datos de miles de millones de usuarios. (P3, C4)

- **La Puerta Secreta:** Una puerta encubierta que conecta las propiedades de Robert Mueller y un agente llamado Eckhart, utilizada por la red para trasladar vehículos y personal a la subdivisión Lake Pointe Estates sin ser registrado. (P6, C2)

- **SEBIN (Servicio Bolivariano de Inteligencia Nacional):** La principal agencia de inteligencia de Venezuela, identificada como la fuerza detrás de muchos de los operativos sobre el terreno y las tramas trampa desplegadas contra el autor.

- **Shatilov, Pavel:** Un ex colega de Google y activo de la red rusa que alquiló el apartamento del autor a través de Airbnb para facilitar el robo del código fuente de la startup "Monsters". (P2, C5)

- **Simon, Luke:** Un ex colega del autor en Twitter, identificado como un activo de la red que trabaja para Elon Musk y Travis Kalanick.

- **Siurek, Mark:** El abogado comprometido del autor para el arbitraje de Goldman Sachs. (P6, C4)

- **Stefanov, Stoyan:** Un ex colega del autor en Yahoo, identificado como un activo de la red que trabaja para Bill Gates.

• **Strain, Sinead:** Un alto ejecutivo y socio de Goldman Sachs que orquestó la campaña de acoso laboral de dos años contra el autor. (P6, C5)

• **Suarez, Carlos:** El padre de Penélope Suárez y coordinador de la red que estuvo directamente involucrado en el complot para sabotear los frenos del camión de la autora. (P5, C5)

• **Suarez, Penélope:** La compañera de carrera del autor, utilizada por la red para alimentarle información y participar directamente en múltiples complots de asesinato. (P1, C2), (P2, C7), (P5, C4)

• **Suleman, Iqbal:** Un activo de red para el equipo de los Emiratos Árabes Unidos (EAU) y propietario de la casa espía en 24918 Teal Lake Ct, que se utilizó para recibir transmisiones de datos infrarrojos del Tesla comprometido del autor. (P4, C5)

• **Tarasiouk, Max:** Un ex agente de ventas y activo de la red que intentó una artimaña de "adquisición de sociedad" contra la empresa del autor. (P6, C9)

• **Telfair III, Juez Oscar:** Uno de los dos jueces del condado de Fort Bend que emitieron la orden legalmente contradictoria que obligaba al autor a acudir a la mediación. (P6, C4)

• **Utendahl, John:** Un financiero de alto perfil y un activo de la red vinculado al esquema de fraude hipotecario con sede en Luisiana. (P6, C11)

- **Vargas D'Acosta, Maria Alejandra:** Un miembro clave de la "tripulación de ConocoPhillips" que actuó como "válvula de alivio de presión". (P2, C1)

- **von Ahn, Luis:** El fundador de Duolingo, identificado como un activo de la red.

- **Walker, Oficial D.:** Un agente del Sheriff del Condado de Fort Bend (Placa #4097) que se negó a presentar un informe policial por un incidente de intrusión. (P6, C3)

Weber, Arnaud: Colaborador de la red y colega del autor en Twitter, trabajando para Elon Musk y Travis Kalanick. Antes de Twitter, fue director de la división Android de Google y, antes de eso, reportó directamente a Steve Jobs en NeXT Computer.

Weinstein, Scott: Un colega de alto rango de Goldman Sachs y miembro de la red de una familia de inteligencia que sometió al autor a una campaña de acoso laboral durante dos años. Su hermano también trabaja en Goldman Sachs y está marcado en el geoíndice. (P6, C5)

- **Williams, Heather:** Un activo de la red que, bajo la apariencia de subdirector de una escuela local, vendió al autor su casa de Valleyside Drive, que se cree que estaba equipada con equipo de vigilancia. (P4, C1)

- **Yakhnenko, Oksana:** Un ex colega de Google y "agente encubierto" de larga data que fue la pieza central de un complot para robar la propiedad intelectual del autor. (P6, C9)

Por supuesto. He actualizado el "Índice de Marcadores de Prominencia" para incluir los ejemplos adicionales que proporcionaste.

Aquí está el apéndice actualizado y completo en formato Markdown.

Apéndice C: Índice de marcadores de prominencia

ESTE ÍNDICE SIRVE COMO un "anillo decodificador" para el lenguaje secreto de la red, una taxonomía de los marcadores semánticos que incorporan en nombres y lugares para señalar importancia y función.

Aviso importante: La presencia de un marcador por sí sola no constituye prueba de irregularidad. Como se indica en el texto: *No afirmo que toda persona cuyo nombre coincida con estos marcadores sea un agente. Lo que afirmo es que si se cumplen estas dos condiciones: 1. La persona o su domicilio están marcados en el geoíndice de Elon Musk... y 2. Su nombre o el nombre de su calle... coinciden semánticamente con estos marcadores... entonces, lo más probable es que esta persona no solo sea un agente... sino también alguien considerado importante.*

Marcadores corporativos/organizacionales

- **Tema de unificación:** Nombres de empresas que implican unidad, como "United" o "Consolidated" (por ejemplo, UnitedAirlines, Consolidated Communications).

- **Tema de centralidad:** Nombres de empresas que implican ser un punto o eje central, como "Hub" o

"Center" (por ejemplo, HubSpot, StubHub, Github, CenterPoint).

Marcadores geográficos y de dirección

SUFIJOS NUMÉRICOS: Números de calles que terminan en "00" para importantes centros financieros (p. ej., Goldman Sachs en 200 West Street), donde el número de dígitos repetidos de derecha a izquierda indica jerarquía (p. ej., "1919" es más importante que "19"). El número "11" también se considera significativo.

- **Nombres de calles semánticos:** Nombres de calles que contienen palabras clave específicas como "VALLE", "HUECO", "REY", "ORO", "SOL" o "PARED".

- **Marcadores visuales (banderas):** Un sistema en el que la cantidad de banderas que se muestran en la imagen de Google Street View de una propiedad (una, dos o tres) actúa como cuantificador del poder y la importancia de la ubicación dentro de la red, y la Bolsa de Valores de Nueva York se cita como un ejemplo de tres banderas.

Marcadores de nombre y título personales

JERARQUÍA ANIMAL: "GATO" (o equivalentes fonéticos como "Kat") y el de mayor rango "LYONS". También "LOBO".

- **"JR" (Junior):** Irónicamente se usa para marcar a los agentes más peligrosos y de mayor antigüedad en una zona residencial.

- **"SWA":** Un marcador fonético que se encuentra en los nombres de agentes clave (por ejemplo, Vivek Rama**swa**my, Bob **Swa**n).

- **El marcador "777":** Un marcador de ingeniería, a menudo codificado fonéticamente en nombres (como Schueppert) o numéricamente en direcciones que terminan en "21" (7+7+7).

Apéndice D: Moción en oposición a la cláusula de censura

LO QUE SIGUE ES UNA transcripción directa de la moción legal presentada por el autor, pro se, en el Tribunal de Distrito del Condado de Fort Bend, Texas.

CAUSA NÚM. 25-DCV-318122

EN EL ASUNTO DE §

EL MATRIMONIO DE § EN EL TRIBUNAL DE DISTRITO

GLORIA ESPINA §

Y § 387° DISTRITO JUDICIAL

REINALDO J. AGUIAR MARCANO §

Y §

EN INTERÉS § CONDADO DE FORT BEND, TEXAS

DE ******* *. ******, UN NIÑO $

RESPUESTA DEL DEMANDADO EN OPOSICIÓN A LA SEGUNDA MOCIÓN DEL PETICIONANTE PARA EVALUACIÓN PSIQUIÁTRICA Y MOCIÓN PARA ELIMINAR LA CLÁUSULA DE CENSURA

AL HONORABLE JUEZ DE DICHO TRIBUNAL:

REINALDO J. AGUIAR MARCANO ("Demandado") comparece pro se y presenta esta Contestación en Oposición a la Moción del Demandante para una Evaluación Psiquiátrica y Psicológica. El Demandado demuestra respetuosamente que esta moción constituye un intento de censura preventiva, inconstitucional y procesalmente incorrecto, presentado de mala fe para hostigarlo y suprimir su próximo libro. La moción debe ser denegada en su totalidad.

I. RESUMEN DEL ARGUMENTO

La moción del peticionario constituye un ataque transparente a la Primera Enmienda, disfrazado de solicitud de evaluación psiquiátrica. El verdadero propósito de la moción se revela en el lenguaje de "Orden de Protección Calificada" que contiene: una cláusula diseñada no para proteger a un menor, sino para silenciar legalmente al demandado y censurar su próximo libro, una obra de investigación y análisis rigurosos. Este intento de "restricción previa" constituye la vulneración más grave e inadmisible de la libertad de expresión.

Además, esta moción se presenta de mala fe. El peticionario no cumple con la alta carga probatoria que exige la ley de Texas, basándose en su desacuerdo con la libertad de expresión del demandado. Este es el último paso en un patrón de acoso procesal y sustantivo, que ya es objeto de la **Moción de Sanciones** pendiente del demandado contra el abogado del peticionario. El Tribunal debería denegar esta moción para proteger la integridad del proceso judicial y defender los derechos constitucionales fundamentales que el peticionario pretende socavar.

II. ARGUMENTO Y AUTORIDADES

A. La moción constituye un intento inconstitucional de censura preventiva y restricción previa

La prueba más evidente del motivo indebido de la demandante es la "Orden de Protección Calificada" incluida en su propuesta de orden. Esta orden pretende prohibir al demandado "utilizar o divulgar" cualquier información de una posible evaluación "para cualquier propósito que no sea el de este litigio" y exige que dicha información sea "destruida al final del litigio".

Se trata de una clásica "restricción previa": un intento de una de las partes de utilizar la facultad del tribunal para impedir la expresión antes de que se produzca. Las restricciones previas a la expresión y la publicación constituyen la infracción más grave y menos tolerable de los derechos de la Primera Enmienda. La Corte Suprema ha sostenido que cualquier sistema de restricción previa conlleva una fuerte presunción contraria a su validez constitucional.

El motivo del demandante es claro: usar la amenaza de una evaluación judicial para prohibir legalmente al demandado publicar su investigación y análisis, en particular su próximo libro. Esto no constituye un intento de buena fe de recabar información relevante para el interés superior del niño; es una maniobra legal calculada para lograr la censura. Para demostrar la seriedad y estructura del trabajo que el demandante pretende suprimir, se adjunta el índice del libro del demandado como **Anexo 1**.

B. El peticionario no cumple con la alta carga probatoria para una evaluación psiquiátrica

Según la **Regla de Procedimiento Civil de Texas 204.1**, un tribunal solo puede ordenar un examen mental cuando el solicitante establece que (1) su condición mental es realmente "controvertida" y (2) existe "causa justificada". La demandante no ha demostrado ninguna de las dos. Su moción se basa completamente en su desacuerdo con el contenido de la investigación, los escritos y las declaraciones públicas del demandado, todas actividades protegidas por la Constitución. El desacuerdo con las creencias de un padre no constituye "causa justificada". Una moción presentada con un propósito indebido, como censurar un libro, no puede cumplir con este estándar.

C. La moción forma parte de un patrón más amplio de acoso

Esta moción no es un hecho aislado, sino que forma parte de un patrón claro de acoso procesal y sustantivo diseñado para perjudicar al Demandado:

1. **Acoso sustancial:** Utilizar el tribunal para atacar la

libertad de expresión y la investigación protegidas del Demandado.

2. **Acoso procesal:** Presentar mociones sin fundamento legal y violar las reglas judiciales, como se detalla en la **Moción de sanciones** pendiente del Demandado contra el abogado del Peticionario por su violación intencional de la suspensión obligatoria según la Regla 18a.
3. **Acoso financiero:** Intentar obligar al Demandado a incurrir en los costos de defensa contra estas mociones repetitivas y sin fundamento.

III. ORACIÓN

Por las razones expuestas anteriormente, el demandado, Reinaldo J. Aguiar Marcano, respetuosamente solicita a este Tribunal que:

1. **NEGAR** la Moción del Peticionario de Evaluación Psiquiátrica y Psicológica en su totalidad;
2. **TACHAR** la frase "Orden de Protección Calificada" de cualquier orden propuesta por ser una restricción previa inconstitucional a la libertad de expresión; y
3. Conceder cualquier otro resarcimiento adicional al que el demandado pueda tener justo derecho.

Atentamente,
/s/Reinaldo J. Aguiar Marcano

Reinaldo J. Aguiar Marcano
Pro Se

Apéndice E: Correos electrónicos acosadores de Phillip E. Denning

LOS SIGUIENTES SON correos electrónicos seleccionados de la campaña de acoso orquestada por Phillip E. Denning, en su calidad de presidente de la Asociación de Propietarios de Lake Pointe Estates. Los correos electrónicos han sido formateados para facilitar su lectura y se han corregido pequeños errores tipográficos.

Hilo de correo electrónico 1: El acoso inicial

DE: Phil Denningphildenning@mycci.net

Fecha: 19 de agosto de 2024 a las 11:29 a. m.

Para: Reinaldo Aguiar

Cc: Laurie Denning, Brian Kraushaar, Bud Walters, Tiffany Harper, Administración de propiedades de Post Oak

Asunto: Lake Pointe Estates

Reinaldo,

Se ha informado a la Junta de Propietarios de Lake Pointe Estates que usted ha estado operando un negocio comercial desde su residencia. Esto no está permitido en nuestra comunidad. La Junta también está al tanto de su conducción constante y errática por nuestro vecindario, a cualquier hora del día y de la noche. Hemos recibido múltiples quejas de residentes preocupados por la seguridad de sus hijos.

Además, la Junta ha sido informada de ciertas actividades en línea que son incompatibles con el carácter de nuestra comunidad.

Somos un vecindario tranquilo y familiar, y su comportamiento está causando gran preocupación entre sus vecinos. Les informamos que la Junta está revisando la situación y tomará todas las medidas necesarias para proteger a nuestra comunidad.

Atentamente,

Phil Denning

Presidente de la Asociación de Propietarios de Lake Pointe Estates

> **De:** Reinaldo Aguiar > > **Fecha:** 19 de agosto de 2024 a las 13:15 > > **Para:** Phil Denning > > **Cc:** Laurie Denning, Brian Kraushaar, Bud Walters, Tiffany Harper, Administración de propiedades de Post Oak > > **Asunto:** Re: Lake Pointe Estates > > Phil, > No opero desde casa. Soy ingeniero de software y trabajo desde casa, al igual que muchos de nuestros vecinos. Mi forma de conducir está relacionada con el acoso y la vigilancia constantes y documentados contra mí y mi familia, algo que espero que la Asociación de Propietarios se preocupe más. > Si tiene quejas específicas y documentadas, por favor, proporciónelas por escrito, según lo estipulan los estatutos de la asociación de propietarios. Las acusaciones vagas no dan lugar a acciones legales. > Saludos, > > Reinaldo Aguiar

---

Hilo de correo electrónico 2: El "Incidente del tractor" y el informe policial falso

DE: Phil Denningphildenning@mycci.net

Fecha: 5 de septiembre de 2024 a las 15:45

Para: Reinaldo Aguiar

Asunto: Comportamiento inaceptable

Reinaldo,

No puedo creer que tenga que escribir este correo electrónico. La Junta ha recibido pruebas fotográficas de que usted cortó una frase obscena en el césped de la propiedad ubicada en 2306 Britton Ridge Drive. Este es un acto de vandalismo impactante y repugnante. Ya presenté una denuncia ante el Departamento de Policía de Fulshear en nombre de la Asociación de Propietarios.

Este tipo de comportamiento es absolutamente inaceptable en Lake Pointe Estates. Has cruzado la línea. Considera esta tu última advertencia.

Phil Denning

> **De:** Reinaldo Aguiar > > **Fecha:** 5 de septiembre de 2024 a las 16:02 > > **Para:** Phil Denning > > **Asunto:** Re: Comportamiento inaceptable > > Phil, > Recibí su correo electrónico. Para que quede claro, no corté nada en el césped de ningún vecino. El mensaje al que se refiere fue en mi **propio** jardín, en Britton Ridge Drive 2302, y fue una respuesta directa, aunque cruda, al acoso incesante del que he sido objeto, incluyendo el vuelo de su red de aviones a baja altitud sobre mi casa durante semanas. > Su decisión de presentar a sabiendas una **denuncia policial falsa** en mi contra es un acto delictivo. Es perjurio y una clara intensificación de su campaña de acoso. > > Tenga en cuenta que estoy documentando este y todos los demás incidentes. > > Reinaldo Aguiar

Fragmento de correo electrónico: La amenaza de cierre

EL SIGUIENTE ES UN párrafo final de uno de los muchos correos electrónicos acosadores enviados por Denning, que se convirtieron en una parte clave del algoritmo de Hine para asesinar el carácter del autor.

> ...Es evidente que te escondes de algo, Reinaldo. Eres un completo desconocido para nosotros. La gente de esta comunidad empieza a preguntarse si realmente perteneces aquí. Tu presencia se está convirtiendo en una carga que no toleraremos indefinidamente.

Apéndice F: Índice de marcadores de contabilidad sospechosos

LA RED UTILIZA NOMBRES de calles y otros identificadores como marcadores en su libro de contabilidad financiera para representar la participación accionaria y las inversiones financieras de sus miembros clave. Este sistema, vinculado a la ubicación física de sus M-Routers, hace pública su arquitectura financiera para los informantes, pero opaca para las fuerzas del orden. A continuación, se presenta una lista parcial, no exhaustiva, de presuntos marcadores de libro de contabilidad identificados por Spyhell Pipeline.

- **Marcadores de primer nivel (los "Grandes enrutadores"):** Estos representan las mayores tenencias financieras en la red.

  – **"Costa":** Se cree que está conectado con Sergey Brin.

  – **"Clearview":** Se cree que está conectado a Clearview AI o a Clear Channel Outdoors.

  – **"Flores":** Un marcador asociado a una gran cantidad de capital, potencialmente vinculado a Cilia Flores y al régimen de Maduro en Venezuela.

  – **"Cabello" / "HAIR":** Un marcador directo para Diosdado Cabello.

Marcadores individuales y de facción de alto valor: - **"Ele Klein":** Conectado a las operaciones legales y financieras de alto nivel de la red. - "Harold" (Martínez): Un marcador que se teoriza que representa un pago grande y único por una operación específica. - **"Jenny" (Espina):** Un marcador conectado a la célula de inteligencia en el terreno en Katy, Texas. - **"Jillian" (Walsh):** Un marcador conectado a las operaciones de la red en Nueva York y al atraco de NAVBOOST. - **"Nelio" / "Espinelio" (Espina):** Marcadores conectados a la célula de inteligencia en el terreno en Katy, Texas. - **"Olesya Luzinova":** Un marcador conectado al ala rusa del FSB de la red y sus operaciones de interferencia electoral. - **"Azure":** Se cree que está conectado con Satya Nadella y los intereses de la red dentro de Microsoft. - **"REVN":** Un marcador del general venezolano Néstor Reverol. - **"TOPO":** Un marcador que se cree está relacionado con David Molero o Edylberto Molina Molina. - **"HEIS":** Un marcador financiero aún no identificado pero significativo.

- **Marcadores de prominencia general utilizados como marcadores contables:** El conjunto más amplio de marcadores identificados en el Apéndice C también se utilizan como marcadores contables, y su valor financiero está determinado por la puntuación paramilitar de la propiedad asociada.

– **"Lyons":** Un superlativo del marcador "Gato", a menudo asociado con propiedades de alto valor.

– **"SOL", "ORO", "OESTE":** Se encontraron marcadores generalizados en más de 98.000 propiedades, lo que indica un sistema amplio de distribución de valores.

Apéndice G: Publicaciones públicas seleccionadas

ACME Law: Publicación de YouTube sobre la estrategia de censura de William K. Adams, Thomas A. Adams IV y Morgan Hybner del bufete de abogados Adams.

ME PREGUNTO QUÉ CARA pusieron William K. Adams, Thomas A. Adams IV y Morgan Hybner al darse cuenta de que la cláusula de censura que ocultaron al final de una extensa «Moción de Evaluación Psiquiátrica» no estaba tan oculta después de todo. Un clásico intento de censura previa, disfrazado de preocupación por mi salud mental.

Pero las malas noticias para ACME Law no terminan ahí.

Sobre esa restricción previa... es un poco tarde. El libro ya está publicado, con su propio ISBN (979-8-9996847-0-7) registrado en la Biblioteca del Congreso. No se puede impedir la publicación de un libro si ya está... bueno, publicado.

Supongo que quité el "prior" de su "restricción".

https://storage.googleapis.com/25-dcv-328122/filings/accepted/RESPUESTA EN OPOSICIÓN Y MOCIÓN DE CENSURA_filed.pdf[1]

Fotograma de Coyote vs. ACME (2026, previsto). Imagen cortesía de Ketchup Entertainment.

#JaqueMate #RestricciónPrioritaria #PrimeraEnmienda #GuerraDeLeyes

1. https://storage.googleapis.com/25-dcv-328122/filings/accepted/RESPUESTA%20EN%20OPOSICIÓN%20Y%20MOCIÓN%20DE%20CENSURA_filed.pdf

Glosario

Este glosario proporciona definiciones de términos técnicos y satíricos utilizados a lo largo del libro, reflejando el léxico único desarrollado durante la investigación.

Glosario de términos técnicos

ÍNDICE GEOGRÁFICO CAPTURADO (o base de datos capturada): Se refiere a la captura exitosa del índice geográfico de Elon Musk por parte del autor. La red cometió un error básico de seguridad al almacenarlo en internet sin cifrar, basándose únicamente en la "seguridad por oscuridad". El archivo se disfrazó como datos de investigación oscuros y se alojó en un servidor de un instituto de investigación francés. * **Co-agrupado con:** Un término de análisis de datos que se refiere a dos o más entidades agrupadas algorítmicamente (agrupadas) por Spyhell Pipeline en función de características, metadatos o patrones de comportamiento compartidos, que a menudo revelan relaciones ocultas entre ellas. Dockerhood: Término de origen informático que designa la práctica de la red de crear diseños de vecindarios preconfigurados y con plantillas ("planos"). Estas plantillas contienen una combinación específica de roles operativos (agentes de inteligencia, abogados, médicos, etc.) y diseños de infraestructura, lo que permite a la red desplegar rápidamente nuevos clústeres operativos y de vigilancia optimizados en cualquier parte del mundo de forma repetible. **Geoíndice de Elon Musk:** Nombre del autor del geoíndice específico diseñado por Travis Kalanick y utilizado exclusivamente por la mafia de PayPal a través de su aplicación secreta "HELL". Lleva el nombre de Elon Musk, a quien el autor cree que es el líder técnico de la operación. Marcadores de capital: La red utiliza marcadores de nombres de calles para representar la participación accionaria de miembros prominentes, similares a los socios de una empresa. Esto crea un registro público para los miembros internos, secreto para las autoridades policiales y fiscales. Vincular el valor económico a la topología física de la red también protege su economía paralela de la inflación, ya que no se pueden crear nuevos "activos" a menos que cumplan una función en la red en malla. **Patrón de Nombres Familiares:** Una táctica psicológica en la que la red asigna alias a agentes o registra propiedades con nombres que le resultan familiares y que tienen asociaciones positivas con el objetivo (por ejemplo, un cuidador con el mismo apellido que su madre). Esto se hace para reducir las defensas psicológicas del objetivo y generar confianza con los agentes que se han infiltrado en su vida. **Algoritmo de Guardián:** Un mecanismo de defensa sistémico y automatizado, teórico, que la red utiliza para monitorear los canales de comunicación oficiales (expedientes judiciales, informes de agencias federales, etc.). Está diseñado para detectar y bloquear cualquier envío que contenga palabras clave relacionadas con la red o sus operadores, impidiendo así que la evidencia llegue a actores honestos por medios convencionales. **Geoíndice:** En términos generales, un mapa digital con datos y metadatos superpuestos, utilizado como base de datos de ubicaciones geográficas. Aunque suele ser utilizado por aplicaciones de logística y viajes compartidos como Uber, en este libro se refiere al sistema propietario de la red para coordinar la vigilancia, dirigir a los agentes y gestionar sus operaciones delictivas. Fotos de Google Street View como metadatos: La técnica de la red consiste en usar objetos ubicados en imágenes de Google Street View (p. ej., "dos cubos de basura y un gato") como metadatos visuales. Su aplicación "HELL" utiliza aprendizaje automático para interpretar estas imágenes y traducir los objetos en instrucciones operativas para los agentes, utilizando eficazmente la infraestructura de Google como una base de datos gratuita, segura y sin restricciones. * **INFIERNO:** El nombre original de una aplicación de espionaje ilegal desarrollada por el fundador de Uber, Travis Kalanick, alrededor de 2011. Esta aplicación evolucionó hasta convertirse en la plataforma de economía compartida utilizada por la mafia de PayPal para gamificar el espionaje y coordinar a millones de agentes no registrados para operaciones terrestres, marítimas y aéreas. **Patrón de Geoentidades Inmunes:** Una técnica arquitectónica y urbanística utilizada por la red para proteger sus propias ubicaciones de las técnicas de espionaje por radiofrecuencia que utilizan en otras. Esto se logra rodeando propiedades clave con amplias áreas abiertas (parques, agua, campos de golf) o ubicándolas en calles muy cortas (como calles sin salida), lo que imposibilita físicamente que los equipos de vigilancia se acerquen lo suficiente o mantengan la trayectoria necesaria para aislar la señal de un objetivo. **KOL-Mobile:** El vehículo blindado personalizado del autor. Equipado con un conjunto de cámaras 4K de 360 grados y otros sensores, le sirve como plataforma móvil de recopilación de inteligencia y principal medio de protección física. Los datos recopilados por el KOL-Mobile constituyen la principal fuente de información para el Spyhell Pipeline. **KOL-Vaccine:** Un sistema de software creado por el autor (2020-2022) para contrarrestar los ataques de tasa de clics (CTR) que utiliza la red para suprimir sitios web de los resultados de los motores de búsqueda. Esta tecnología, que posteriormente evolucionó a Spyhell Pipeline, invalida el principal método de censura en línea y amplificación de noticias falsas de la red. **Direcciones MAC:** Dirección de Control de Acceso al Medio. Un identificador de hardware único y permanente para un dispositivo conectado a la red. La red está obsesionada con capturar direcciones MAC porque les permite rastrear a las personas en diferentes ubicaciones y redes y, si controlan el proveedor de servicios de internet (ISP), interceptar y descifrar su tráfico de internet. **Red de Malla:** Un sistema de coordenadas especial, superpuesto a todo el planeta, que marca las ubicaciones aceptables para que los dispositivos de la Red de Malla secreta de la Mafia PayPal se comuniquen entre sí. La presencia física en una ubicación de la red es un requisito para un intercambio de datos válido, y la ubicación en sí misma forma parte de la clave de cifrado, lo que proporciona capas de seguridad. **Método de cifrado de malla:** Un método seguro para compartir una clave de cifrado a través de un canal vulnerable. El remitente transmite una serie de instrucciones que guían al destinatario desde su ubicación actual desconocida hasta un punto secreto predeterminado en la malla. La clave de cifrado se deriva de las coordenadas del destino final, que nunca se transmiten directamente, lo que garantiza la seguridad mediante el contexto compartido y la presencia física. * **Red en malla:** En general, una red descentralizada donde los dispositivos se conectan directamente entre sí. *Véase también: La red en malla de PayPal Mafia.* * **NavBoost del crimen:** Nombre satírico del autor para su algoritmo propietario utilizado para clasificar las entidades informadas en el Formulario Maestro 211. El sistema de clasificación analiza los objetivos en tres dimensiones: 1) importancia monetaria, 2) peligro para el mundo (por ejemplo, acceso a armas o vigilancia masiva) y 3) proximidad a los principales líderes políticos de la red. NFC (Comunicación de campo cercano): Un método de comunicación inalámbrica direccional de corto alcance. Sus propiedades dificultan su interceptación, por lo que se utiliza en sistemas de pago seguros como Apple Pay y en la red para la entrega manual de mensajes digitales cifrados entre agentes. **Lista de Parias:** Una lista de presidentes cuyas residencias oficiales son arquitectónicamente vulnerables a las técnicas de escucha por radiofrecuencia de la red y están rodeadas por activos de la misma.

Esto contrasta con los líderes aliados, cuyas residencias están protegidas por el "Patrón de Geoentidades Inmunes", lo que sugiere que esta es una forma deliberada en que la red marca como objetivos a los líderes mundiales que no cooperan. Puntuación paramilitar: Una métrica determinista calculada por Spyhell Pipeline y derivada directamente del geoíndice capturado. Representa el nivel de importancia estratégica de un individuo o propiedad para las operaciones de la mafia de PayPal. No es una inferencia, sino un cálculo directo basado en sus propios datos. * **Mafia de PayPal:** Un término para una red criminal global que se originó a principios de la década de 2000 con los primeros fundadores y empleados de PayPal (incluidos Elon Musk, Peter Thiel, etc.) y desde entonces ha crecido para incluir a líderes mundiales, funcionarios gubernamentales y celebridades. **Red en Malla de la Mafia de PayPal:** Una red en malla global, propietaria y secreta, construida por la red para servir como una internet paralela e imposible de rastrear. Está compuesta por nodos fijos (casas, negocios) y móviles (vehículos, teléfonos) y se utiliza para coordinar todas sus actividades ilegales, desde la vigilancia y el narcotráfico hasta el lavado de dinero y la manipulación electoral. **Anuncios de Servicio Público de la Mafia de PayPal:** Señales auditivas o visuales (p. ej., vehículos de emergencias médicas con luces intermitentes, motores acelerando a frecuencias específicas) utilizadas para difundir alertas a varios agentes a la vez sin usar comunicaciones de radio rastreables. El significado de estas señales es decodificado por la aplicación "HELL" de los agentes. **Marcador de Prominencia:** Un marcador semántico incrustado en los nombres de agentes, empresas o calles (p. ej., nombres como "KING", "VALLEY", números como "777") para indicar sutilmente la antigüedad o la importancia estratégica dentro de la jerarquía de la red. Esto permite a los agentes usar su rango o identificar activos aliados sin necesidad de comunicación explícita. Sistemas de Prevención de Escuchas por Radiofrecuencia (RFEAS):

Una contramedida basada en software, desarrollada por el autor. Utiliza sensores externos (cámaras, micrófonos) para detectar vehículos o aeronaves que se aproximan y desactiva automáticamente todas las conexiones de red para evitar la interceptación de señales de radio. Este enfoque basado en software («inventando ideas para solucionar el problema») contrasta con el enfoque basado en hardware de la red («inventando dinero para solucionar el problema»). * **SALT TYPHOON:** Un grupo de piratas informáticos patrocinado por un estado vinculado al gobierno chino, conocido por atacar infraestructura pública y, como lo experimentó el autor, individuos y civiles. **App de Economía Compartida:** Una plataforma digital que facilita el intercambio de recursos entre pares. El término se utiliza para describir la naturaleza de la app "HELL", que gamifica el espionaje y lo externaliza a una gran red distribuida de agentes. **Spyhell Pipeline:** Un sistema informático distribuido complejo y multietapa, desarrollado por el autor, para analizar el geoíndice capturado. Cruza datos de la red con información pública para calcular puntuaciones paramilitares, mapear conexiones y detectar anomalías estadísticas, decodificando eficazmente la estructura y el funcionamiento de la red. * **Topdog / Topdogs:** Individuos o direcciones marcadas en el geoíndice con puntajes paramilitares excepcionalmente altos (el 1% superior), lo que indica que son actores clave o "jefes" que desempeñan funciones estratégicas críticas para la red. **Disparadores:** Software, hardware o mecanismos humanos específicos ubicados alrededor de un objetivo que señalan un evento de red inminente (como una transmisión de datos). Esto permite a los equipos de vigilancia lograr la crucial "colisión en el tiempo y el espacio" necesaria para interceptar la dirección MAC del objetivo. * **La Unión:** Un término alternativo para la mafia de PayPal, derivado del nombre "United" o "Consolidated" utilizado por muchas de las empresas que controlan y como referencia a su unión de individuos poderosos.

Glosario de términos satíricos

• **Ley ACME:** Término utilizado para describir la colusión percibida de varias firmas de abogados, incluidas Adams Law Firm y Roberts Markel Weinberg Butler Hailey PC, en una campaña coordinada para acosar legal y financieramente al autor y censurar este libro utilizando una táctica clásica de "restricción previa".

• **Estado bizarro:** Un término que describe la sociedad paralela construida por la mafia de PayPal, completa con sus propios canales diplomáticos secretos, aplicación de la ley, poder judicial, economía e Internet, creando una imagen reflejada distorsionada y sin fronteras de un estado legítimo.

• **Recibió entrenamiento diario de forma inadvertida o indirecta:** La descripción del autor de cómo, al sobrevivir más de 18 años de ataques sostenidos y crecientes de la red, aprendió a reconocer sus tácticas, motivaciones y lógica, siendo efectivamente "entrenado" por sus adversarios. **IronyBoost:** Nombre satírico para un multiplicador de puntuación en el Canal Spyhell del autor. Aumenta la importancia de un agente o una ubicación si su nombre o función es profundamente irónica (por ejemplo, un agente llamado "Joy" que causa daño, o una iglesia utilizada para la nómina de criminales). **KOL Peace Maker Bomba v10.92:** Nombre simbólico para la "bomba de datos", representada por la publicación del geoíndice capturado y el análisis del autor. Representa el poder de la información para desmantelar las operaciones de la red. **Número de habitantes por acre religioso:** Una métrica inventada por el autor para identificar organizaciones fachada. Mide la proporción de la población local con respecto a la superficie de tierra propiedad de instituciones religiosas. Una proporción estadísticamente baja sugiere que una iglesia o templo podría ser una fachada, con grandes extensiones de terreno para fines de vigilancia u operativos, en lugar de albergar una congregación genuina.

• **Outcast (Presidente):** Un líder mundial que no colabora con la mafia de PayPal, identificable porque sus residencias oficiales son arquitectónicamente vulnerables a las técnicas de espionaje de la red, a diferencia de las residencias protegidas de los líderes aliados. **El Pokémon:** Término que designa a una persona que la red tiene en la mira para vigilancia, acoso o asesinato. El nombre hace referencia al juego "Pokémon GO", que, según el autor, fue un campo de entrenamiento y prueba para la tecnología detrás de la aplicación "HELL". **La Conciencia Digital de Robert Gates:** Una referencia satírica a un modelo de aprendizaje automático que el autor creó (el "Modelo de Razonamiento de Robert Gates" o "RGRM"). Entrenado con años de datos de ataques, el modelo está diseñado para pensar como los estrategas de la red, predecir sus movimientos e identificar vulnerabilidades críticas.

• **Aplicación HELL de Travis Kalanick:** Un nombre satírico y funcional para la aplicación de economía compartida "similar a Uber" que envía a los agentes extranjeros no registrados de la red para interceptar objetivos ("Pokémon") y ejecutar operaciones, pagándoles mediante criptomonedas al completarlas con éxito.

• **Vacuna contra la competencia:** Término que describe la táctica de la red de utilizar virus o vacunas como armas para dañar o incapacitar a un objetivo, impidiéndole así funcionar y lograr un objetivo estratégico, como obtener acceso ilegal a su computadora mientras está enfermo. **Vehículos estacionados al estilo moscovita:** Un patrón reconocible de vehículos dispuestos cerca de una ubicación de red de alto valor. Los vehículos están posicionados para proporcionar campos superpuestos de vigilancia visual y para obligar a cualquier vehículo que se aproxime a pasar a corta distancia, lo que permite la interceptación de radiofrecuencia y el reconocimiento facial.

• **La obra del propietario:** Un término satírico para la táctica de la red de dirigir a un objetivo a alquilar o comprar una propiedad específica que ha sido equipada previamente con equipo de vigilancia, convirtiendo efectivamente la propia casa del objetivo en un puesto de escucha controlado por la red.

RECURSOS PARA CIUDADANOS y organismos encargados de hacer cumplir la ley

Canales de YouTube

PARA LOS CIUDADANOS: Los cazadores de espías

https://youtube.com/@TheSpyBusters

Para las fuerzas del orden: Consejos rápidos para casos de emergencia

https://youtube.com/@RapidFireTips

Informes

- **Centro de denuncias de delitos en Internet del FBI**: https://ic3.gov
- **Línea directa de seguridad nacional**: 1-800-CALL-FBI
- **Oficinas locales del FBI**: https://fbi.gov/contact-us/field-offices

Documentación y evidencia

- **Todas las transcripciones**: recopilación completa de pruebas y testimonios grabados

https://storage.googleapis.com/thespybusters/ALL_transcripts.txt

- **Testimonio en video**: Explicación detallada del descubrimiento y decodificación de bases de datos

https://youtu.be/E8dQy2qdYXE

- **Base de datos con función de búsqueda**: Acceso a la base de datos filtrada de direcciones y entidades asociadas

https://thespybusters.com/

Recursos legales

DEMANDA COLECTIVA: Aguiar contra Musk y otros - Documentación legal completa

https://storage.googleapis.com/reinaldo-aguiar/Aguiar-v-Musk-et-all-4_25-cv-02276.pdf

- **Formulario 211 del IRS**: Lista de entidades marcadas bajo control extranjero (ver página 1174)

https://form211.org

Datos sin procesar

EL GEO-ÍNDICE (BASE de datos filtrada): Conjunto completo de datos sin procesar capturado el 11 de septiembre de 2024

https://storage.googleapis.com/paypal-mafia/The-Geo-Index/PayPal-Mafia-Geo-index-sharded-30-ways__Captured-by-Reinaldo-Aguiar-on-9-11-2024.zip

Para las fuerzas del orden

LA RED FUNCIONA UTILIZANDO:

1. **Codificación de bigramas**: Las combinaciones de dos letras en las matrículas codifican la afiliación y el propósito. VN = Inteligencia venezolana, SY = Tifón de sal, etc.
2. **Redes en malla**: Comunicación descentralizada que utiliza antenas residenciales que rebotan señales en satélites.
3. **Sistema de coordenadas**: El índice geográfico utiliza coordenadas codificadas que marcan ubicaciones operativas a nivel mundial.
4. **Ofuscación financiera**: Las transacciones inmobiliarias codifican los movimientos de criptomonedas. Las ventas de arte blanquean las ganancias.

Indicadores clave

- Propiedades rodeadas de grandes espacios abiertos (Patrón de Geoentidades Inmunes)

- Vehículos con equipos de vigilancia estacionados en patrones consistentes

- Antenas camufladas como antenas parabólicas de televisión o equipos de radioaficionado

- Cambios demográficos repentinos en el barrio

- Acoso coordinado que aparece como incidentes aislados

About the Author

Reinaldo Aguiar is a researcher and former Google Search engineer, named as the sole inventor on two U.S. patents awarded to Google for his work on social network analysis and data optimization. His career at the intersection of high finance and technology includes roles as a Managing Director at Goldman Sachs and as a key engineer at Twitter, where one of his code changes increased annual revenue by $48 million.

After becoming the target of a sophisticated global surveillance and harassment campaign, he transformed himself from a software engineer into a counter-intelligence operator. Using his deep knowledge of data systems, he fought back in a stunning act of asymmetric warfare: he captured and decoded the secret global database of the network hunting him, exposing their methods of control.

Project Diosdado XI is the chronicle of that battle. Today, Aguiar dedicates his time to developing counter-intelligence software and is a vocal advocate for prioritizing software engineering as a matter of national defense, warning that the war for freedom in the 21st century will be fought with code.

Read more at thespybusters.com.

www.ingramcontent.com/pod-product-compliance
Lightning Source LLC
LaVergne TN
LVHW051039080426
835508LV00019B/1609
9798999684721